Die Wertminderungen an Betriebsanlagen

Die Wertminderungen an Betriebsanlagen

in wirtschaftlicher,
rechtlicher und rechnerischer Beziehung

(Bewertung, Abschreibung, Tilgung, Heimfallast,
Ersatz und Unterhaltung)

von

Emil Schiff

Manuldruck 1920

Berlin
Verlag von Julius Springer
1909

ISBN-13:978-3-642-90350-2 e-ISBN-13:978-3-642-92207-7
DOI: 10.1007/978-3-642-92207-7

Vorwort

Während meines Wirkens in der Großindustrie und nicht minder, seit ich die Tätigkeit eines Direktors mit der eines wirtschaftlich-technischen Beraters vertauscht habe, sind mir häufig Mängel in der Beherrschung des hier erörterten Stoffes bei Technikern, Kaufleuten und Juristen aufgefallen. Trotz der Vielseitigkeit des Gegenstandes und seiner Wichtigkeit für jedes wirtschaftliche Unternehmen wird den damit zusammenhängenden Fragen meist nicht die gebührende Aufmerksamkeit zuteil. Das läßt sich an Inventuren und Rechnungsabschlüssen, an Ertragsrechnungen und Verträgen leicht beweisen; das zeigen grundsätzliche Bewertungsfehler, falsche Abschreibungsverfahren, die Vernachlässigung der Heimfallast bei Konzessionsunternehmen und die Verwechselung von Betriebsausgaben und Anlagekosten, von Abschreibungen und Rücklagen.

Auch folgender Fall, der einen als Theoretiker und Praktiker anerkannten Volkswirt jüngst veranlaßte, eine Äußerung von mir herbeizuführen, beleuchtet die herrschende Unklarheit: in einem viele Länder umspannenden Wirtschaftsvereine konnten bei Verhandlung eines wichtigen Gegenstandes Erörterungen über die Frage „Abschreibung oder Tilgung (Amortisation)" entstehen, obschon diese beiden Maßnahmen keineswegs wahlweise in Betracht kamen, sondern überhaupt die Fragestellung falsch war.

Auch herrscht in der Anwendung der Fachausdrücke Willkür; Wortunklarheit ist aber nicht nur eine Folge, sondern — in verhängnisvollem Kreislauf — auch eine Ursache von Begriffsverwirrung.

Ich war bestrebt, den Gegenstand mit größeren Wirtschaftsfragen in Beziehung zu setzen, gegebenenfalls allgemeine wirtschaftliche Regeln abzuleiten und die Erfordernisse der Anwendung nirgends außer Acht zu lassen; demgemäß ist die Darstellung mit Beispielen und mit Anregungen für den Gebrauch durchsetzt. Auf diese Weise hoffe ich auch der natürlichen Trockenheit des Stoffes zu einem Teile begegnet zu sein.

Besonders schienen mir die Zusammenhänge der behandelten Fragen mit Konzessionsunternehmen der Erörterung wert.

Die Arbeit ist im wesentlichen in den Jahren 1905 und 1906 entstanden womit entschuldigt werden möge, daß bei den Belegstellen nicht durchweg die neueste Auflage des als Quelle benutzten Werkes angegeben ist. Wegen anderer Arbeiten habe ich erst kürzlich die letzte Hand anlegen und das Buch in Verlag geben können.

Grunewald-Berlin, Juni 1909

Der Verfasser

Inhaltsverzeichnis

1. Allgemeines

Die durch Abnützung und andere Ursachen bedingte allmähliche Entwertung der für den Betrieb von wirtschaftlichen Unternehmungen aller Art erforderlichen Anlagen und Geräte, der technischen Fabrikations- und Betriebsmittel — seien es Baulichkeiten, Maschinen oder andere Besitzstücke —, hat für die industrielle Wirtschaft eine grundsätzlich ebenso große Bedeutung, wie die Kosten der Rohstoffe, die Löhne und die sogenannten unproduktiven Ausgaben, die man unter dem Namen „Regie" zusammenfaßt, sie haben. Zu den einschlägigen wirtschaftlichen Fragen gesellen sich in mehrfachem Sinne rechtliche. Im Gebrauche ergeben sich gewisse Schwierigkeiten, die sich sowohl auf die Sache wie auf die Form und auf die rechnungsmäßige Behandlung der in Frage kommenden Wertgrößen erstrecken.

Die Bedeutung der gedachten Wertminderungen ist im Vergleiche zu anderen die Herstellungskosten bildenden Größen dadurch grundsätzlich erhöht, daß sie — ganz abgesehen von außerordentlichen Ursachen wie Umwälzungen der Bauart, Maschinenbruch, höhere Gewalt — zum Teil schon durch das Altern bedingt sind, also auch ohne die Abnutzung durch den Gebrauch eintreten und ihr Fortgang daher nicht wie der anderer Unkosten zu vermeiden ist. Die Entwertungsverluste sind daher auch dem Grade der Benutzung eines Gegenstandes nicht verhältnisgleich und deshalb von einem weit schwerer vorauszusehenden, oft maßgebenderen Einfluß auf den Selbstkostenpreis der Fabrikationseinheit als die Herstellungslöhne. Denn indem sie innerhalb weiter Benutzungsgrenzen annähernd gleich bleiben, sich also wirtschaftlich nahezu ebenso wie die Zinsen festverzinslicher Schulden, z. B. von Grundpfand- und

Schuldverschreibungsanleihen, verhalten, verteuern sie die Herstellung entsprechend dem Grade der Unterausnutzung. Dieser Umstand trägt wesentlich dazu bei, daß man die wirtschaftliche Regel aufstellen kann:

> Die Einträglichkeit wirtschaftlicher Unternehmungen hängt wesentlich, oft am wesentlichsten, von dem Grade der Ausnutzung der Betriebsanlagen ab.

Das gilt ebensosehr von einer einzelnen Werkzeugmaschine wie von einer Eisenbahnanlage oder einem Gasthause.

Neben einer unabhängig vom Ausnutzungsgrade erforderlichen Mindestabschreibung und neben festen Zinsen wirkt hierbei freilich noch ein anderer Teil der Betriebskosten mit, der ebenfalls eine vom Benutzungsgrade unabhängige Größe darstellt. Das ist der Teil der Ergänzungskosten (Regiekosten), der — in Gestalt von Gehalten, Löhnen, Mieten, Licht-, Kraft-, Heizkosten und verschiedenem anderen — das Mindesterfordernis zur Aufrechterhaltung eines Betriebes ausdrückt und im allgemeinen auch noch für einen weit höheren Beschäftigungsgrad als den vorkommenden geringsten ausreicht. Demgemäß ist es auch wirtschaftlich wesentlicher, bei Vorausberechnungen des Ertrages oder Tarifberechnungen, z. B. für die Abgabe elektrischer Energie, auf die Trennung und Beobachtung der festen im Gegensatze zu den veränderlichen Kosten Wert zu legen als auf die häufiger angewendete, äußerlichere Unterscheidung „unmittelbare“ und „mittelbare“ Betriebskosten, womit wirkliche und nur buchmäßige Ausgaben gemeint sind. (Man sieht diese Unterscheidung überdies in Wirtschaftlichkeitsrechnungen oft geradezu falsch angewendet: Zinsen werden in einem gemeinsamen — wie später gezeigt werden wird, auch sonst nicht einwandfreien — Posten „Amortisation und Verzinsung“ allgemein unter die mittelbaren Ausgaben gesetzt, obwohl das erforderliche Kapital häufig zum großen Teile durch fest verzinsliche Anleihen, deren Zinsen ebenso unmittelbare und wirkliche Ausgaben, wie Löhne oder Gehalte darstellen, aufgebracht wird; auch die als Dividende zu verteilenden Zinsen — die aber keine Betriebskosten, sondern Gewinn darstellen — sind eine wirkliche Ausgabe.)

Die Bedeutung der regelmäßigen Anlagenentwertung wird dadurch beleuchtet, daß die zu ihrem Ausgleich erforderlichen

Abschreibungen bei vielen Anlagen höher sind als die Summe aller übrigen Betriebskosten.

Aus dem Dargelegten ergibt sich die große Wettbewerbsüberlegenheit solcher Unternehmungen, die durch hohe Abschreibungen ihre Anlagenwerte stark verringert haben oder durch große Ausnutzungsmöglichkeit ihre gesamten Ergänzungskosten durch einen so hohen Teiler teilen können, daß auf die Herstellungseinheit nur ein sehr geringer Teil entfällt.

2. Die Rechtsgrundlagen für die Bewertung der Betriebsanlagen

Die rechtliche Grundlage für die Beurteilung und Behandlung der Entwertung von Betriebsanlagen durch Abnützung, Altern und andere Ursachen wird im allgemeinen durch § 40 und im besonderen für Aktiengesellschaften durch § 261, 3[1]) des deutschen Handelsgesetzbuches gegeben.

§ 40, Absatz 2, lautet:

„Bei der Aufstellung des Inventars und der Bilanz sind sämtliche Vermögensgegenstände und Schulden nach dem Werte anzusetzen, der ihnen in dem Zeitpunkte beizulegen ist, für welchen die Aufstellung stattfindet".

§ 261, 3 setzt hierzu folgende „Maßgabe" in Kraft:

„Anlagen und sonstige Gegenstände, die nicht zur Weiterveräußerung, vielmehr dauernd zum Geschäftsbetriebe der Gesellschaft bestimmt sind, dürfen ohne Rücksicht auf einen geringeren Wert zu dem Anschaffungspreise oder Herstellungspreise angesetzt werden, sofern ein der Abnutzung gleichkommender Betrag in Abzug gebracht oder ein ihr entsprechender Erneuerungsfonds in Ansatz gebracht wird."

Wie wird der juristische Laie — und für diesen ist das Gesetz bestimmt, da Industrielle im allgemeinen keine Rechtsgelehrten sind, — diese Bestimmung verstehen? Zunächst wird er wohl einen Widerspruch zwischen Vordersatz und Nachsatz

[1]) Aus naheliegenden Gründen ist in diesen Darlegungen in erster Reihe von Aktiengesellschaften die Rede.

empfinden und sich fragen, was die Bestimmung, daß Gegenstände „ohne Rücksicht auf einen geringeren Wert zum Anschaffungs- oder Herstellungspreise“ angesetzt werden dürfen, zu bedeuten hat, wenn im Nachsatze die Einschränkung gemacht wird: „sofern ein der Abnutzung gleichkommender Betrag in Abzug gebracht . . . wird.“ Dem an juristische Ausdruckseigenart nicht gewöhnten Geiste wird das zunächst nicht ganz folgerichtig erscheinen, da von einer Ansetzung zum Anschaffungspreise „ohne Rücksicht auf einen geringeren Wert“ nicht gut die Rede sein kann, wenn ein Abzug vom Anschaffungspreise, damit also das Ansetzen eben eines geringeren Wertes als des Anschaffungspreises, gefordert wird. Unglücklicherweise kann die in Wirklichkeit gebräuchliche Form der Ansetzung von Betriebsgegenständen in Rechnungsabschlüssen leicht dazu beitragen, eine mißverständliche Auffassung dieser Bestimmung zu fördern. Diese Form ist nämlich die folgende:

Anlagekonto	K
Abschreibung	a
Abschlußwert	K—a

oder, an einem Beispiel ausgedrückt,

Werkzeugmaschinenkonto . . .	100000 M.
Abschreibung	10000 „
Abschlußwert	90000 M.

Nun erscheint es jedermann selbstverständlich, daß eine Betriebsanlage, die ständig an Wert abnimmt, nicht dauernd zum Anschaffungspreise, sondern jeweils zum Zeitwerte angesetzt wird; auch die maßgebende Bestimmung des § 40 verlangt ausdrücklich die Ansetzung zu dem Werte, der den Vermögensgegenständen im Zeitpunkte der Aufstellung des Abschlusses beizulegen ist. Der Laie könnte also auf den Gedanken kommen, daß § 261, 3 vielleicht nur die Zulässigkeit der oben dargestellten Form, bei der erst der Anschaffungspreis (nach dem ersten Jahre allerdings meist nur der letztjährige Buchwert) angesetzt und dann der Abschreibungsbetrag abgezogen wird, gegenüber dem einfachen Ansatze

Werkzeugmaschinenkonto 90000 M.

ausdrücken soll. Freilich wird man bei näherer Überlegung nicht dabei beharren, zu glauben, eine so weitschweifige Gesetzesbestimmung, eine so ausdrückliche „Maßgabe“ könne auf etwas lediglich die Form Betreffendes abzielen. Das wäre noch eher zu vermuten, wenn es sich bei einer solchen Formvorschrift nicht um ein „dürfen“, sondern um ein „müssen“ handelte; denn eine Vorschrift, daß in den Abschlüssen der Aktiengesellschaften die Gesamtanschaffungskosten und die Gesamtabschreibungen ersichtlich gemacht werden müssen — in der Regel wird nur der letzte Buchwert und die neueste Abschreibung veröffentlicht —, wäre nicht ohne Wert. Eine solche Vorschrift besteht aber nicht und wird auch mit § 261, 3 nicht gegeben.

Man wird also nach einer anderen Erklärung der Bestimmung suchen müssen und hat sich zu diesem Zwecke die Frage vorzulegen, worin die Unklarheit des Ausdruckes besteht. Augenscheinlich liegt sie darin, daß es heißt „ohne Rücksicht auf einen geringeren Wert“, ohne daß eine Antwort auf die Frage „geringer als welcher Wert?“ gegeben ist. Aus der Wortstellung ist man geneigt zu entnehmen, daß von einem geringeren Werte als dem Anschaffungspreise die Rede ist[1]), woraus sich der gedachte Widerspruch mit dem Nachsatze, der die Abschreibung wegen Abnutzung vorschreibt, ergibt. Es muß daher, wenn nicht sprachlich, so doch gedanklich ein anderer Vergleichswert als der Anschaffungspreis in Betracht kommen. Welche Werte kommen nun überhaupt in Frage? Diese Erwägung führt zu folgender Antwort:

a) der Anschaffungs- oder Herstellungspreis (K),
b) der zeitliche Gebrauchs- oder Betriebs- oder Nutzungs- oder subjektive Wert, d. h. der Wert K abzüglich der Entwertung, die sich für den Betriebszweck aus der Nutzungsdauer (n) des Gegenstandes, seinem Endwerte (k) und der schon abgelaufenen Nutzungszeit (t) ergibt ($= K - \frac{(K-k)\,t}{n}$, worin t die Zahl der abgelaufenen, n die Gesamtzahl der Nutzungsjahre bedeutet. Der Einfachheit wegen ist ein gleichmäßiger Entwertungsverlauf vorausgesetzt.),

[1]) Das ist tatsächlich auch Rehms Meinung, die er aus der sprachlichen Beziehung ableitet; vgl. Rehm, Bilanzen der Aktiengesellschaften und G. m. b. H., München 1903, S. 94.

c) der zeitliche Veräußerungswert oder ein sonstiger durch Einflüsse, die die Eignung des Gegenstandes für den Betriebszweck und somit den Betriebswert nicht beeinflussen, gegebener objektiver Wert, auch allgemeiner oder Verkehrs-Wert[1]) oder gemeiner Versilberungswert[2]) genannt.

Obgleich nun in der gesetzlichen Vorschrift von den beiden Werten b) und c) nicht ausdrücklich die Rede ist, kommt man bei näherer Überlegung zu der Ansicht, daß es sich nur um den Gegensatz dieser Werte handeln kann, und daß durch den Nachsatz, der von einer Abschreibung nur für Abnutzung spricht, der Wert b) gekennzeichnet werden soll. Es kann nur gemeint sein: Betriebsgegenstände dürfen zu dem Zeitwerte „Anschaffungspreis abzüglich Abnützungsabschreibung" angesetzt werden, auch wenn „ihr Wert" geringer ist als dieser Zeitwert; unter „ihr Wert" kann man nach dem Zusammenhange wohl nur den Wert c), den Veräußerungswert oder überhaupt einen objektiven Wert gegenüber dem subjektiven Nutzungswerte, verstehen.

In der Regel wird der nach der Verkaufsmarktlage, nach zeitlichen Rohstoff- und Bearbeitungspreisen oder Änderungen in Arbeitsverfahren, Bauarten oder Liebhabereien sich ergebende objektive Wert geringer, in manchen Fällen, besonders bei Grundstücken, wird er höher sein als der Nutzungswert; aber auch wenn er geringer ist, braucht das nach dem Gesetze den Inventuransatz nicht zu beeinflussen, vorgeschrieben ist nur, daß ein „der Abnutzung gleichkommender Betrag" abgesetzt werde.

Diese Auffassung entspricht im wesentlichen auch der herrschenden Lehre und steht mit dem positiven Rechte nicht in Widerspruch, wenn auch die Verfasser von § 261 HGB. (genauer: § 185, 1—3 der Aktiennovelle von 1884) annehmen, daß § 40, der durch § 261 auch für die Aktiengesellschaft nicht außer Kraft gesetzt, sondern nur mit besonderen „Maßgaben" versehen wird, unter Wert den Veräußerungswert versteht[3]). Die Verfasser der Denkschrift zum neuen Handelsgesetzbuche

---

[1]) Rehm, S. 60

[2]) Staub, Kommentar zum Handelsgesetzbuche, 4. Aufl., S. 66, 6 und 7. Aufl., S. 192

[3]) Rehm, SS. 90, 91

von 1897 sind bezüglich des § 40 anderer Meinung[1]), der wir uns mit Rücksicht auf den Ausdruck „Wert, der beizulegen ist" — eine Ausdrucksweise, die den subjektiven Standpunkt mindestens nicht ausschließt, — anschließen. Wäre, wie bei Waren, auch bei Betriebsgegenständen der Veräußerungswert maßgebend, so wäre auch die Höherbewertung über den Gebrauchswert zulässig, wie Rehm mit Recht betont[2]), und es träten, besonders bei Grundstücken, fortwährend Vermögensschwankungen ohne jede Änderung des Gebrauchswerts und unverwirklichte Gewinne oder Verluste in die Erscheinung; das aber will das Gesetz grundsätzlich vermeiden[3]), und eine solche Art der Abschlußaufstellung wäre auch — wenigstens was die Gewinne anlangt — mit dem Rechtsgrundsatze von der Sorgfalt eines ordentlichen Geschäftsmannes und mit der Pflicht zur Ersichtlichmachung der wirklichen Vermögenslage nach den Grundsätzen ordentlicher Buchführung (§ 38 HGB.) nicht gut vereinbar.

Damit sind jedoch die Zweifel über die Auslegung des Wortlauts von § 261, 3 noch nicht erschöpft, gibt es doch wenige so wichtige und gleichzeitig so umstrittene handelsrechtliche Bestimmungen wie diese. Für den mit Rechtsfragen Vertrauteren genügt es zum Beweise dessen so anerkannte Namen von Rechtslehrern und praktischen Juristen wie Simon, Staub, Makower, Ring, Rehm, Maatz, Reisch, Lehmann, die unter anderen sich mit diesen Zweifeln beschäftigt haben und nicht alle zu gleichen Ergebnissen gekommen sind, zu nennen.

Es würde aber über den Rahmen dieser Darlegungen weit hinausgehen, auf diese Untersuchungen, die den Praktiker zum Teil als Haarspaltereien anmuten — ohne daß sie es zu sein brauchen —, einzugehen, und würde nicht einmal unseren praktischen Zwecken dienen: die allzu feinen Unterscheidungen eignen sich nicht für den Gebrauch. Nur wollen wir nicht unerwähnt lassen, daß auch unsere Auffassung, wie sie oben dargelegt ist und weiter verfolgt werden wird, nicht allgemein geteilt wird; die Abweichungen decken sich aber entweder nicht mit der herrschenden Lehre oder sind mehr von theoretischer

---

[1]) Rehm, SS. 90/91

[2]) Derselbe, S. 61

[3]) Derselbe, S. 88 ff.

als praktischer Bedeutung, und wir glauben um so mehr, über sie hinweggehen zu können, als wir stillschweigend bei der Verwertung unserer Auslegungen als Sicherheitskoeffizienten die Sorgfalt des ordentlichen Geschäftsmannes voraussetzen. Mit dieser Voraussetzung unvereinbar erschiene uns z. B. eine so weitgehende „Subjektivität" bei der Bewertung eines Betriebsgegenstandes, daß nicht jeder andere verständige Geschäftsmann gleichen Zweiges die Bewertung für den Betriebszweck ebenfalls als richtig anerkennen könnte.

Erschwert wird das Verständnis der juristischen Erklärungen dadurch, daß die Rechtsgelehrten in ihrem geistigen Rüstzeuge scheinbar noch weniger mit „Normalien" zu arbeiten gewohnt sind als die Techniker bei ihren greifbaren Werkzeugen, was zu einer überreichen Anzahl von Kunstausdrücken führt — dergestalt, daß mitunter derselbe Ausdruck bei verschiedenen Schriftstellern Verschiedenes, ja Entgegengesetztes bedeutet. Für uns ist zur Vermeidung von Mißverständnissen nötig, zu erwähnen, daß auch die Ausdrücke „subjektiver" und „objektiver" Wert teilweise anders als in unserem Sinne angewendet werden: unter subjektivem Wert wird auch der Wert verstanden, den ein bestimmter Geschäftsinhaber einem Betriebsgegenstande im Gegensatze zu einem anderen Geschäftsinhaber (Nachfolger, Wettbewerber) beimessen könnte[1]) oder der Wert, der sich für ein Geschäft, bemessen nach seinen Erträgen, ergeben würde[2]); deshalb wird auch das, was wir subjektiven Wert oder Betriebs- oder Nutzungswert nennen, was Staub[3]) Geschäftswert nennt, anderweitig geradezu objektiver Wert genannt. Das Preußische Oberverwaltungsgericht[4]) spricht mit Bezug auf HGB. 261, 3 vom „objektiven Verkaufswert", nimmt also entweder im Gegensatz hierzu auch einen objektiven Gebrauchswert an oder macht den Zusatz „objektiv" nur im Sinne eines erläuternden

[1]) Rehm, S. 60

[2]) Litthauer-Mosse, Handelsgesetzbuch, 13. Aufl., Berlin 1905, S. 56

[3]) Staub, SS. 192, 801; allerdings erblickt Staub (S. 801) in § 261, 3 eine Erleichterung auch noch gegenüber dem aus § 40 abgeleiteten Geschäftswert. Wir glauben, so weit für die Praxis nicht gehen zu dürfen; auch sehen wir nicht ein, warum die Gesellschaft, bei der weit mehr Beteiligte (Gläubiger und Aktionäre) in Frage kommen als beim Einzelkaufmann, unvorsichtiger bewerten dürfen sollte als dieser.

[4]) Rehm, S. 93

Pleonasmus. Wir würden, wenn wir unter subjektivem Wert nicht den Geschäftswert, sondern den Geschäftsinhaberwert meinten, den Ausdruck „individueller Wert"[1]) vorziehen und haben von der Verdeutschung „persönlicher Wert" deshalb abgesehen, weil diese sowohl für „subjektiv" wie für „individuell" gelten könnte; „subjektiv" aber scheint sich unserem Gefühle nach unserer gegenüber „individuell" weiteren Fassung des Begriffes anzuschmiegen und den geeigneten Gegensatz zu objektiv, das wiederum alle nicht auf den Betriebszweck bezüglichen Bewertungsstandpunkte am zwanglosesten umfaßt, abzugeben. Zu aller Sicherheit aber haben wir oben unseren Begriff „subjektiver Wert" mathematisch festgelegt $\left(K - \frac{(K - k)\,t}{n}\right)$, weil die mathematische Formel der letzte und allein eindeutige Ausdruck der Dinge ist. Der Leser ist nun gewarnt, bei der Behandlung einschlägiger (wenn nicht überhaupt aller juristischen) Fragen den Sinn der Kunstausdrücke als selbstverständlich oder gemeingiltig anzusehen

Was die Sache selbst anlangt, so gehen uns hier vornehmlich zwei Fragen an:

1. ist es nur erlaubt oder ist es zwingendes Recht, Betriebsgegenstände zum Nutzungswert einzusetzen, auch wenn der objektive Wert anders ist, d. h. ist es unzulässig, sie niedriger oder höher als zum Nutzungswert anzusetzen,
2. kann wirklich gemeint sein, daß nur eine Wertminderung durch „Abnutzung" bei der Abschreibung zu berücksichtigen ist?

Die erste Frage zerfällt in die der Überbewertung und der Unterbewertung; beide sind von durchaus wirklicher Bedeutung.

Die Überbewertung läßt den Gewinn höher erscheinen, als er in Wirklichkeit ist, was aus vielen, zumeist eigennützigen und wirtschaftlich ungesunden Beweggründen erstrebt werden kann, z. B. um die Darlehensfähigkeit zu erhöhen, einen Zusammenbruch aufzuhalten, Gewinnanteile zu vergrößern.

---

[1]) Simon gebraucht allerdings den Ausdruck individueller d. h. Geschäftsinhaber-Wert im Sinne von Geschäftswert oder unserem subjektiven Werte (siehe auch Rehm, S. 60).

Die Unterbewertung läßt den Gewinn niedriger erscheinen, kann den Zweck haben, zur Steuerveranlagung einen niedrigeren Ertrag auszuweisen, als er wirklich erzielt ist, hat aber meist wirtschaftlich gesunde Beweggründe wie: Vorsicht gegenüber unerwarteten Wertrückgängen und zugunsten künftiger Wettbewerbsfähigkeit, Aufschatzung von — sogenannten stillen — Rücklagen und somit Festigung der wirtschaftlichen und Stärkung der geldlichen Lage eines Unternehmens.

Die Überbewertung kann eine solche

a) im Vergleiche zum Anschaffungspreise,

b) im Vergleiche zum Nutzungswerte,

c) im Vergleiche zum Veräußerungswerte

sein. Im Vergleiche zum Anschaffungspreise ist sie für die Aktiengesellschaft durch § 261, 2 HGB., der für alle nicht börsen- oder marktgängigen Vermögensgegenstände die Aufnahme höchstens zum Anschaffungs- oder Herstellungspreise vorschreibt[1]), ausgeschlossen; für börsen- und marktgängige Wertstücke gilt übrigens nach § 261, 1 Gleiches. Für den Kaufmann im allgemeinen kommt kein besonderes Verbot, sondern kommen nur § 38 und § 40 in Betracht, also die Grundsätze ordnungsmäßiger Buchführung und die Vorschrift der Ansetzung zu dem Werte, der den Vermögensstücken „beizulegen" ist, nicht also schlechthin zu dem — objektiven — Werte, den sie haben. Da angenommen werden darf, daß eine Überbewertung den Grundsätzen ordnungsmäßiger Buchführung widerspricht, solange keine Verwirklichung des Gewinnes, der aus einer etwaigen Preissteigerung gegenüber dem Anschaffungspreise hervorgeht, unmittelbar bevorsteht, ist also auch dem Einzelkaufmanne die Überbewertung untersagt; der Anschaffungs- oder Herstellungspreis ist dann der Höchstwert, der dem Gegenstande für den Inventuransatz „beizulegen" ist. Das würde also selbst dann gelten, wenn der Gebrauchswert, z. B. der Mietwert eines Grundstücks, über den Anschaffungspreis gestiegen ist: ein unverwirklichter Gewinn ist kein Gewinn, da er durch Schwankungen in entgegengesetzter Richtung wieder aufgehoben werden kann. Natürlich liegt die Sache anders, wenn eine Auseinandersetzung, Erbschaftsregelung oder sonstige Verrechnung

[1]) Entsprechend auch Ges. f. d. Ges. m. b. H. § 42, 1

mit dritten in Frage kommt; dann wird einem Kaufmanne, der aus gesetzlichen Gründen oder besonderer Vorsicht Besitzstücke gegenüber dem Verkaufswerte unterbewertet hat, nicht zugemutet werden können, daß er seine Ordentlichkeit oder Vorsicht mit einem Verluste büßt, indem seine Buchwerte der Verrechnung zugrunde gelegt werden. Solcher Gefahr wird durch privatrechtliche Vereinbarungen vorzubeugen sein; auch bestimmt BGB. § 738, II in diesem Sinne für Auseinandersetzungen bei „Gesellschaften“:

„Der Wert des Gesellschaftsvermögens ist, soweit erforderlich, im Wege der Schätzung zu ermitteln.“

Diese Bestimmung ist dahin zu verstehen, daß „keiner der Beteiligten an frühere Abschlüsse gebunden ist, soweit nichts anderes vereinbart ist; die Schlußbilanz muß der wirklichen Vermögenslage der Gesellschaft zur maßgebenden Zeit entsprechen“ [1]).

Eine Überbewertung gegenüber dem Nutzungswerte — natürlich immer unter Beachtung der eben behandelten Höchstgrenze — kommt in Frage, wenn der Veräußerungswert höher als der Gebrauchswert ist, und kann nicht als ungesetzlich angesehen werden, wenn es sich nicht um einen einmaligen, zufälligen, sondern um einen jederzeit erzielbaren Verkaufswert handelt. Mit anderen Worten: die Abschreibung braucht nicht gewohnheitsmäßig fortgesetzt zu werden, wenn ein gewisser Mindestpreis, der jederzeit erlöst werden kann, erreicht ist. Das entspricht auch dem Sinne von § 261, 3 insofern, als dieser nach der übereinstimmenden Ansicht aller maßgebenden Ausleger eine Erleichterung, keine Erschwerung der allgemeinen Bewertungsvorschriften darstellen soll. Wir können uns daher der Ansicht von Rehm, daß Gebrauchsgegenstände nicht nur zum Gebrauchswert angesetzt werden „dürfen“, sondern dazu angesetzt werden „müssen“ [2]), für den Fall, daß der Gebrauchswert unter den Verkaufswert sinkt, nicht anschließen; freilich halten wir die obigen Einschränkungen, daß es sich bei dem Inventurpreise nicht um einen Augenblicks- oder Zufallswert handeln darf, durch § 38 und § 40 für gegeben. Würde aber

---

[1]) Litthauer-Mosse, S. 195 nach Jur. Wochenschr. 1902, S. 590

[2]) Rehm, S. 697

die wiedergegebene Ansicht bedingungslos gelten, so hätte der Gesetzgeber in § 261, 3 nicht von einem „dürfen", sondern einem „müssen" sprechen müssen; der Ausdruck „dürfen" bedeutet aber keinen Zwang, sondern ein Recht. Allerdings erklärt sich die gestattende, nicht zwingende Form der Vorschrift zunächst dadurch, daß an den allgemeinen Fall, daß der Nutzungswert höher als der Veräußerungswert ist, gedacht ist und durch die Fassung des § 261, 3 ausgedrückt werden soll, daß es den Gesellschaften nur freigestellt ist, von dieser Erleichterung Gebrauch zu machen[1]). Aus nichts aber kann unseres Erachtens zwingend gefolgert werden, daß der Gebrauchswert maßgebend ist, wenn er niedriger als der Verkaufswert ist — auch nicht aus § 38 und § 40. Auch würde, was doch die Grundabsicht des Gesetzgebers ist, das Interesse der Gläubiger und Aktionäre dadurch keineswegs unbedingt wahrgenommen werden. Wenn z. B. ein Fabrikant gezwungen ist, seine Fabrikleistung auf die Hälfte herabzusetzen, und er für diese Leistung mit der Hälfte seines Grundstücks und seiner Maschinenanlagen ausreicht, sinkt der Gebrauchswert der Anlagen auf die Hälfte. Soll er nun, auch wenn der Buchwert nicht höher als der Veräußerungswert ist, gezwungen sein, die Hälfte als Verlust abzuschreiben? Gewiß nicht! (Man könnte gegen dieses Beispiel einwenden, daß hier nur das Sinken eines individuellen, nicht des objektiven Gebrauchswerts — der Ausdruck wäre hier angebracht — vorläge. Das ist aber nicht von Belang, denn die Umstände können auch leicht so gedacht werden, daß schlechtweg der allgemeine Gebrauchswert gesunken ist und der Veräußerungswert auf von dem Betriebszwecke ganz unabhängigen Marktverhältnissen, z. B. dem Markte für Wohngrundstücke, beruht.) Wollte man hier die Bewertung nach dem Nutzungswerte verlangen, so würde das auf der Verwechselung eines — auch nicht unter allen Umständen berechtigten — wirtschaftlichen Standpunktes mit einem Rechtsstandpunkte beruhen. Wirtschaftlich mag der Zeitwert mit der Nutzungsmöglichkeit zurückgegangen sein, rechtlich — vom Standpunkte des öffentlichen Rechts, des Gläubigers, des Aktionärs — liegt kein Interesse daran vor, daß Vermögensstücke noch niedriger, als sie ver-

[1]) **Staub**, 6. und 7. Aufl., S. 801

äußert werden können, angesetzt werden; im Gegenteil könnten diese Interessen dadurch leicht Schaden leiden.

Das Preußische Oberverwaltungsgericht geht sogar soweit, auszusprechen, daß der Verkaufswert in den Abschluß eingesetzt werden muß, falls er höher ist als der Erwerbspreisrest[1]). Dies kann jedoch nicht als allgemeiner Rechtsgrundsatz gelten, sondern nur den Rechtsstandpunkt in Steuersachen beleuchten; durch den Zusatz in der betreffenden Entscheidung „widrigenfalls weitere Abschreibungen als Gewinnrücklagen steuerpflichtig sind" wird das verdeutlicht, gleichzeitig aber überhaupt die Natur solcher über das notwendige Maß hinausgehenden Abschreibungen gekennzeichnet: sie sind stille Rücklagen.

Was die dritte Form der Überbewertung — im Verhältnisse zum Veräußerungswert — anlangt, so ist bereits oben dargelegt, daß nach HGB. § 261, 3 der Aktiengesellschaft (für die Kommanditgesellschaft auf Aktien gilt Gleiches), nach G. f. d. G. m. b. H. § 42, 1 der Gesellschaft mit beschränkter Haftung und — im Wege weiterer Auslegung — nach §§ 38, 40 HGB. auch dem Einzelkaufmanne gestattet ist, Betriebsgegenstände zum Nutzungswerte anzusetzen, auch wenn der objektive Wert niedriger ist. Wenigstens legt Rehm § 40 dahin aus[2]), daß er einen doppelten Wertbegriff — für Veräußerungsgegenstände und für Gebrauchsgegenstände — umschließt. Von abweichenden Anschaungen ist oben bereits gesprochen worden. Für Aktien- und andere Gesellschaften besteht jedenfalls heute kein Zweifel mehr. Treffend sagt Staub[3]) darüber folgendes:

> „Diese Art der Bewertung wurde schon früher in der Praxis beliebt und auch von der Judikatur gebilligt (R. O. H. 25, S. 317). Allein wenn sie nach früherem Recht bedenklich war, so ist sie jetzt gesetzlich gutgeheißen und damit erledigen sich alle Bedenken. Es kann hiernach vorkommen, daß ein der Gesellschaft gehöriges Fabrikgrundstück, welches zu teuerem Preise erworben und wenig abgenutzt wird, fortgesetzt zu hohem Preise in der

---

1) Rehm, S. 93

2) Rehm, S. 57 ff.

3) Staub, 4. Aufl. S. 579; in der 6. und 7. Aufl. sind die ersten beiden Sätze weggelassen.

Bilanz erscheint, obgleich der wahre Wert desselben sich, etwa durch Verschlechterung der Kommunikation, erheblich verringert hat oder obgleich es von vornherein zu teuer gekauft ist. Desgleichen kann das bei Maschinen vorkommen, deren Wert durch neue Erfindungen erheblich sinkt."

Damit scheint uns der Sachverhalt so gut gekennzeichnet, daß wir nichts mehr hinzufügen wollen.

Eine Bemerkung jedoch, die Staub an die obigen anschließt, bedarf der Berichtigung; er sagt:

„Macht die Gesellschaft von Ziffer 3 nicht Gebrauch, so kommt Ziffer 2 zur Anwendung." [1])

§ 261, 2 bestimmt bekanntlich:

„andere Vermögensgegenstände sind höchstens zu dem Anschaffungs- oder Herstellungspreis anzusetzen."

Hiernach ist deutlich, daß alle anderen, d. h. alle keinen Börsen- oder Marktpreis habenden Gegenstände (für die Gleiches schon unter § 261, 1 bestimmt ist) an die Höchstgrenze des Anschaffungspreises gebunden sind. Also kommt diese Bestimmung bei Gebrauchsgegenständen auf alle Fälle in Betracht, nicht nur, wenn von der Erleichterung des § 261, 3 kein Gebrauch gemacht wird. Sprachlich und sachlich ist aus dem Gesetze nichts anderes zu entnehmen, und wir haben uns an gegebener Stelle ohne Bedenken entsprechend dem herrschenden Gebrauch auf diesen Standpunkt gestellt. Wir wollen zur Erhärtung unserer Auffassung noch Rehm[2]) und Litthauer-Mosse[3]) anführen; Simon, Makower und Ring[4]) hingegen vertreten auch die Ansicht, daß § 261, 2 sich nur auf Veräußerungsgegenstände beziehe, also Bewertung von Betriebsgegenständen zu einem den Erwerbspreis übersteigenden Gebrauchswerte zulässig sei. Der Praktiker wird gut tun, dieser Auffassung nicht zu folgen.

Auch die Frage der Unterbewertung gibt der wissenschaftlichen Lehre zu sehr breiten Untersuchungen Anlaß; wir sind

---

[1]) Staub, 6. und 7. Aufl. S. 801

[2]) Rehm, S. 90

[3]) Litthauer-Mosse, S. 288, (nach Entscheidungen des Reichsgerichts in Strafsachen, 36, S. 437)

[4]) Nach Rehm, S. 93

aber in der Lage, sie für den Darstellungszweck kurz zu behandeln. Unleugbar gibt es gesetzliche Bestimmungen, die, genau angewendet, die Unterbewertung verbieten, indem sie die tatsächlich richtige Bewertung vorschreiben: § 38 HGB. verpflichtet den Kaufmann, die Lage seines Vermögens nach den Grundsätzen ordnungsmäßiger Buchführung ersichtlich zu machen. Er macht aber die Lage seines wirklichen Vermögens nicht ersichtlich, wenn er nicht die wirklichen Werte ansetzt. Auch ist es Grundsatz ordentlicher Buchführung, jeden Wert an der richtigen Stelle mit dem richtigen Wert anzuschreiben. § 39 verpflichtet ferner den Kaufmann, alle seine Vermögensgegenstände beim Abschluß genau zu verzeichnen und dabei den Wert der einzelnen Vermögensgegenstände anzugeben; der Abschluß soll das Verhältnis des Vermögens und der Schulden darstellen.

Alle diese Bedingungen, sowohl die auf die Inventur wie die auf den Abschluß bezüglichen, sind nur erfüllt, wenn alle Gegenstände zum richtigen Wert angesetzt sind; außer der Unterbewertung wird hiermit also die bei manchen Gesellschaften übliche Nichtanschreibung von Betriebsgegenständen als Vermögen, wie sie sich aus der Verbuchung als Betriebsunkosten ergibt, verboten.

Endlich und im besonderen sagt § 40, daß bei der Aufstellung des Inventars und Abschlusses sämtliche Vermögensgegenstände und Schulden nach dem Wert anzusetzen sind, der ihnen in dem Zeitpunkte, für den die Aufstellung stattfindet, beizulegen ist. Dadurch wird das vorher Gesagte bestätigt.

Hiernach ist die Unterbewertung eine Abschlußunwahrheit. Eine wissentlich unwahre Darstellung, die Mitglieder der Verwaltung einer Gesellschaft über den Vermögensstand der Gesellschaft machen, ist aber (§ 314 HGB.) strafbar. Darunter kann auch eine zu ungünstige Darstellung fallen. „Denn durch solche unrichtige Darstellungen kann ungünstig auf den Kurs eingewirkt und dadurch der Markt unzulässig beeinflußt werden“ [1]). Also etwa eine wissentliche Unterbewertung zur Ermöglichung eines besonders billigen Aktienkaufes und gewinnbringenden Börsenspiels wäre strafbar.

---

[1]) Staub, 6. und 7. Aufl., S. 939

Im allgemeinen werden freilich, was die Strafbarkeit anlangt, eher zu günstige Darstellungen, hier also wissentlich zu hohe Bewertungen (oder, bei Schulden, zu geringe Ansätze) in Frage kommen.

Die Nichtbeachtung der Buchführungs- und Abschlußvorschriften ist übrigens nicht nur für die Verwaltungen von Gesellschaften auf Grund der erwähnten Bestimmung, sondern ganz allgemein strafbar, falls bei hinzutretendem Vermögensverfalle daraus Übersichtslosigkeit entsteht. (§§ 239—241 der Konkursordnung)[1]).

Trotz alledem gilt die Unterbewertung nach der herrschenden Lehre und dem wirklichen Gebrauche für zulässig.

Die Ausleger des Gesetzes begründen das damit, daß sie sagen, ein öffentlich-rechtliches Interesse bestünde nur in der Richtung zu hoher Bewertung, nur durch diese könnten Gläubiger und Aktionäre geschädigt werden; hingegen würden durch Unterbewertung für die Gesellschaft und die Gläubiger Vorteile geschaffen. Darum wären die Bewertungsvorschriften mit Bezug auf die Höchstgrenze öffentliches, zwingendes Recht, mit Bezug auf eine untere Grenze aber höchstens privatrechtlicher, dispositiver Natur[2]).

Diese Auslegung ist als allgemein giltig anfechtbar[3]); es dürfte schwer zu beweisen sein, daß die Vorschriften des § 40, II nach der einen Seite öffentlich-rechtlich, nach der anderen nur privatrechtlich sein sollen. Rehm sagt unseres Erachtens mit Recht „Der Beweis vermag mit Erfolg nur aus dem Gesellschaftsrecht geführt zu werden“ und erblickt in § 40, II ein öffentlich-rechtliches Überbewertungs- und öffentlich-rechtliches Unterbewertungsverbot[4]).

Wie dem auch sei, so wird doch nach Lage der Verhältnisse und in Ansehung des Gebrauches, der so weit geht, die Unterbewertung als im Rahmen ordentlicher Buchführung liegend anzusehen — was augenscheinlich einer Beugung rechtlicher Vorschriften unter wirtschaftliche Gesichtspunkte gleichkommt —, auch der Einzelkaufmann im allgemeinen keine

[1]) Staub, 6. und 7. Aufl., S. 186, S. 792

[2]) Staub, S. 574, Litthauer-Mosse, S. 287 und andere

[3]) Rehm, S. 43 ff.

[4]) Derselbe, S. 44

Rechtsnachteile durch die Unterbewertung haben. Im Gesellschaftsrecht aber gilt die Unterbewertung erst recht allgemein als zulässig.

Für das Gesellschaftsrecht haben nämlich die Abschlußvorschriften bestimmt auch privatrechtliche Kraft, wie schon daraus hervorgeht, daß der Anspruch der Gesellschafter auf Reingewinn auf den Abschluß gegründet ist[1]); das ergibt sich aus § 120 HGB. für die offene Handelsgesellschaft und die Kommanditgesellschaft, aus § 29 des Gesetzes betreffend die Gesellschaften mit beschränkter Haftung für diese und aus § 215 HGB. für die Aktiengesellschaft. Dieser Anspruch der Gesellschafter und Aktionäre muß notwendig auch einen solchen auf Einhaltung der Abschlußvorschriften einschließen, um wirklichen Wert zu haben. Natürlich können solche privatrechtlichen Vorschriften auch durch privatrechtliche Vereinbarungen, also auch durch den Gesellschaftsvertrag, verändert und somit Unterbewertungen durch besonders hohe Abschreibungen giltig festgesetzt werden.

Dieser Gesellschaftsgrundsatz findet im Aktiengesellschaftsrecht mehrfache Bestätigung: § 213 sagt, daß Reingewinn nicht nur durch das Gesetz, sondern auch durch den Gesellschaftsvertrag von der Verteilung ausgeschlossen werden kann. § 260 bestimmt, daß die Generalversammlung über den Jahresabschluß und die „Gewinnverteilung“ beschließt; sie kann aber auch Unterbewertungen in Gestalt außerordentlicher Abschreibungen und solchen gleichwertiger Rücklagen beschließen. Das ergibt grundsätzlich auch § 262,3, nach dem Zuzahlungen von Aktionären auch zu außerordentlichen Abschreibungen verwendet werden dürfen, und insbesondere § 271,3, der von „der Anordnung von Abschreibungen oder Rücklagen über das nach dem Gesetz oder nach dem Gesellschaftsvertrage statthafte Maß hinaus“ spricht. Dieser Ausdruck setzt voraus, daß der Gesellschaftsvertrag Abschreibungen über das gesetzlich notwendige Maß vorsehen kann; ja das Gesetz geht sogar zugunsten der Unterbewertung noch weiter, indem es das Anfechtungsrecht der Aktionäre für die nicht nur über Gesetz, sondern sogar über Gesellschaftsvertrag hinausgehenden Abschreibungen und Rück-

---

[1]) Rehm SS. 63/64

lagen nicht uneingeschränkt hinstellt; die Anteile des oder der Anfechtenden müssen, damit Klage erhoben werden kann, wenigstens den zwanzigsten Teil des Grundkapitals erreichen.

Es ist nicht einmal durchaus erforderlich, daß bestimmte über das Gesetz hinausgehende Abschreibungen oder Rücklagen durch den Gesellschaftsvertrag festgesetzt sind; der Verzicht auf die gesetzliche Mindestbewertung kann auch im allgemeinen ausgesprochen werden, indem der Generalversammlung durch den Gesellschaftsvertrag vorbehalten wird, außerordentliche Abschreibungen und Rücklagen nach freiem Ermessen festzusetzen. (Vorstand und Aufsichtsrat können dazu jedoch nicht bevollmächtigt werden, weil das gegen zwingendes Recht verstieße.) Wenn aber selbst weder in bestimmter noch in allgemeiner Form auf die gesetzliche Mindestbewertung verzichtet ist, ist dennoch die Unterbewertung durch Generalversammlungsbeschluß möglich, indem dieser unangefochten bleiben und somit Giltigkeit erlangen kann[1]). Tatsächlich ist, wie auch Staub andeutet, diese Form die in Wirklichkeit üblichste.

Trotz dieser der Unterbewertung günstigen Rechtslage und trotz ihrer weitverbreiteten Anwendung — mit Recht sagt Staub, sie bilde geradezu den Stolz der Aktiengesellschaften und nichts würde lieber in den Geschäftsberichten hervorgehoben, als solche Minderbewertungen[2]) — können wir vom Standpunkte des Rechts und der geordneten Buchführung nicht dafür eintreten. Im Geiste des Rechts gilt es das öffentliche, das allgemeine Interesse wahrzunehmen, Treue und Glauben zum Nutzen aller Beteiligten aufrecht zu halten; dazu aber dient nichts sicherer als Wahrheit und Klarheit, wie sie auch § 314 HGB. fordert. Wahrheit und Klarheit aber können im Abschlusse nur gewahrt sein, wenn alle Werte richtig angesetzt sind. Der wirkliche Wert einer Aktie kann nur zutreffend beurteilt werden, wenn die Vermögensgegenstände richtet bewertet sind. Die Unklarheit über den wirklichen inneren Wert öffnet dem Börsenspiele Tür und Tor; die bei vielen großen Aktiengesellschaften üblichen Abschreibungen über das richtige Maß hinaus, die vielgerühmten, von Börsenstimmen und Börsenstimmungen oft übertriebenen

---

[1]) Staub, S. 793

[2]) Derselbe, SS. 793; 794

stillen Rücklagen sind einer der wesentlichen Gründe, daß die Aktien unserer großen Gesellschaften fast ausnahmslos zu Spielpapieren geworden sind.

Zweierlei wird man zugunsten der Unterbewertung anführen; einmal, daß es bei der Bewertung — namentlich von Betriebsanlagen — einen erheblichen Spielraum in der Abschätzung der Entwertung gibt, daß zwischen der vorsichtigen und der nicht oder weniger vorsichtigen Bemessung der Abschreibung ein — oft recht bedeutender — Unterschied besteht, und daß die bewußte Unterbewertung am sichersten der Gefahr einer unvorsichtigen Bewertung vorbeugt Was diesen Punkt anlangt, so fordert es unseres Erachtens die Sorgfalt des ordentlichen Kaufmanns, im Zweifelsfalle von der vorsichtigeren Schätzung Gebrauch zu machen, ja sogar — unter Aufrechterhaltung der gesetzlichen Bewertungsgrundsätze — bis an die unterste Schätzungsgrenze zu gehen, aber eben nur bis dahin, wo die bewußte Unterbewertung anfängt.

Man wird ferner einwenden, daß die stillen Rücklagen wegen ihrer günstigen wirtschaftlichen Wirkungen nicht entbehrt werden können. Was das aber anlangt, so kann man den Zweck wollen, ohne das Mittel zu wollen. Der wirtschaftliche Zweck kann aber ebenso gut durch offene, der Abschlußwahrheit und Klarheit gerecht werdende Rücklagen erreicht werden. Rücklagen freilich — und bei großen, mit bedeutenden Lasten und Gefahren arbeitenden Unternehmen entsprechend große Rücklagen — mit dem Endzwecke der Abwendung allzu starker Ertragsschwankungen und der Aufschatzung reichlicher Geldmittel sind unentbehrlich; diese wirtschaftlichen Gründe bedingen aber nicht, daß es versteckte Rücklagen sein müssen. Man kann auch nicht sagen, daß man über die aus der Unterbewertung von Betriebsanlagen herrührenden Rücklagen leichter verfügen kann als über offene. Bei der Unterbewertung von Wertpapieren und anderen Veräußerungsgegenständen ist das wohl der Fall, nicht aber bei Betriebsanlagen, denn man wird einmal gemachte Abschreibungen doch kaum, selbst wenn man es fur zulässig hält, wieder rückgängig machen; im Gegenteil wird der einmal eingeführte Brauch allzu hoher oder gar gänzlicher Abschreibung einen in schlechteren Geschäftszeiten recht empfindlichen Zwang zu gleichem

Verfahren einschließen, während schwankende Buchungen zugunsten von Rücklagekonten weniger auffallen.

Somit ist der Grund für die Bevorzugung stiller Rücklagen gar kein wirtschaftlicher, sondern ein geschäftspolitischer und ähnelt dem Vorgehen der Hausfrau, die den Spargroschen heimlich verwahrt, damit ihn der Ehemann nicht vertrinkt. Leider ist die eine Politik ebensowenig unbegründet wie die andere und ähneln sich die Vergleichsvorgänge auch darin, daß der Aktionär, der gegen starke Rücklagen stimmt, ebenso gegen seinen Nutzen handelt, wie der bewußte Ehemann. Hier wie dort kann daher nur die Erziehung zur Erkenntnis des wirklichen Vorteils helfen; wenn aber selbst der Eintagsaktionär seinen Augenblicksvorteil höher stellt als den Allgemeinnutzen, so wird er doch, wie die Erfahrung lehrt, in der Regel von den Einsichtigeren überstimmt werden und auch mit Widersprüchen und selbst Anfechtungsklagen nichts ausrichten.

Auf alle Fälle dürfen kaufmännisch-geschäftspolitische Anschauungen den Geist des Rechts nicht verdunkeln, und wir empfehlen daher, wenn auch die Unterbewertung zulässig ist, als ordentlichsten Standpunkt: richtige Bewertung in Inventur und Abschluß und Buchung aller Rücklagen auf Rücklagekonten.

In diesem Zusammenhange ist noch die oben gestreifte Frage der Rückgängigmachung von Abschreibungen zu erörtern. Daß die gesetzlich notwendigen Abschreibungen nicht rückgängig gemacht werden können, ist klar; es kann sich hierbei nur um die über das gesetzliche Maß hinaus vorgenommenen handeln. Nach Staub können solche rückgängig gemacht werden; bei den nach dem Gesellschaftsvertrage angeordneten bedarf es hierzu einer entsprechenden Änderung des Gesellschaftsvertrages, bei den nur von der Generalversammlung beschlossenen eines abändernden Generalversammlungsbeschlusses[1]. Die Rückgängigmachung muß natürlich an der gesetzlichen Bewertungsgrenze Halt machen. Der so erzielte Abschlußgewinn darf — nach Staub — verteilt werden[2]. Diese Ansicht Staubs gründet sich auf die Gleichwertigkeit von freiwilligen Abschreibungen — stillen Rücklagen — mit freiwilligen offenen Rücklagen. Diese Meinung über die Zulässigkeit der Rückgängigmachung

---

[1] Staub, 4. Aufl., S. 587, 6. und 7. Aufl., SS. 794, 795

[2] Derselbe, 4. Aufl., S. 587

wird nicht allgemein geteilt; Ring sieht in der Abschreibung den Verzicht auf Wiederansetzung, und das Reichsgericht spricht, „wenn auch unsicher“, die gleiche Meinung aus, „weil die Kontinuität der Bilanzwahrheit entspreche“ [1]). Simon nimmt ein Gewohnheitsrecht gegen die Rückgängigmachung von Abschreibungen an und geht soweit, einen Abschluß mit solchergestalt heraufgesetzten Werten für „schwindelhaft“ zu erklären [2]). Neukamp wendet dagegen ein, daß auch die peinlichste Redlichkeit es nicht anfechten könne, wenn eine Gesellschaft wertvolle Grundstücke, die mit einer Mark in den Abschluß eingestellt sind (Maxhütte in Bayern), wieder mit dem wahren Werte ansetzt und den Gewinn aus dieser Rücklage ausschüttet [3]).

Rechtlich scheint uns die Ansicht von Staub, der geltend macht, daß es einen Grundsatz der „Bilanzkontinuität“ nicht gibt, einleuchtend. In der Rückkehr zur Abschlußwahrheit können auch wir keine Gesetzesverletzung erblicken, und es muß folgeunrichtig erscheinen, für die stillen Rücklagen — wie es geschieht — zu verbieten, was für die offenen gestattet ist. Wirtschaftlich freilich bedeutet die Rückgängigmachung von Abschreibungen eine Schwächung, und kaufmännisch wird sie einen übeln Eindruck machen — macht einen solchen doch schon eine Verringerung der Abschreibungsätze gegen die in früheren Abschlüssen angewendeten.

Die zweite von uns gestellte Frage bezieht sich darauf, ob das Gesetz wirklich nur ein Abschreibungserfordernis für „Abnutzung“ im Auge haben kann.

Abnutzung bedeutet die aus der Benutzung sich ergebende Verschlechterung. In Wirklichkeit kommen aber noch andere Wertminderungsursachen in Betracht, und wenn auch nach dem oben geschehenen Aufbau des Begriffes Betriebswert objektive Entwertung keine Abschreibung zu veranlassen braucht, so deckt der Begriff „Abnutzung“ doch nicht alle durch Abschreibungen notwendig auszugleichenden Wertminderungen. Wir müssen daher annehmen, daß der Ansicht des Gesetzgebers eine sachgemäß erweiterte Auslegung entspricht; wir halten das durch die Grundsätze ordentlicher Buchführung (§ 38 HGB.), durch die Bewertungs-

---

[1]) Staub, 4. Aufl., S 587

[2]) Derselbe, 6. und 7. Aufl., S. 794

[3]) Derselbe, 6. und 7. Aufl., SS. 794, 795

bestimmung von § 40 II und schon durch die vorgeschriebene Sorgfalt des ordentlichen Geschäftsmannes für gegeben.

Nicht alle Wertminderungen brauchen, wie dargetan wurde, berücksichtigt zu werden: wenn beispielsweise für den Betrieb bestimmte Maschinen, Schnitte, Matrizen oder andere Werkzeuge durch Sinken der Preise ihrer Herstellungsstoffe oder Änderungen in Bauarten, Arbeitsverfahren oder Liebhabereien objektiv — also im Vergleiche mit den Einkaufs- oder Verkaufspreisen zur Abschlußzeit — plötzlich stark entwertet würden, der Besitzer aber durch besondere Umstände, wie etwa die Eigenart seines Kundenkreises, sie mit gleichem Vorteile wie bis dahin weiter verwenden kann, darf er sich mit einer dem normalen Entwertungsverlaufe entsprechenden Abschreibung begnügen. Ja sogar, wenn er durch Anschaffung neuer, vervollkommneter Maschinen den Nutzen seiner älteren herabdrückt, sie immerhin aber im Betriebe hält, bedarf es kaum einer einmaligen außerordentlichen Entwertungsabschreibung, wofern sie durch die regelmäßige Abschreibung bis zur Außerbetriebsetzung auf den Restwert abgeschrieben werden. Immerhin ist hier ein Zweifel möglich, weil es sich um ein Sinken des Gebrauchswerts handelt. Nach dem Wortlaute der gesetzlichen Bestimmung brauchte freilich nur „ein der Abnutzung gleichkommender Betrag" abgeschrieben zu werden, also, wenn die Maschinen nur noch als Aushilfe benutzt werden, sogar ein geringerer Betrag als früher, was wir jedoch für tatsächlich unrichtig halten. Dieser Fall hat eine erhebliche Wirklichkeitsbedeutung, und es besteht die wirtschaftliche Berechtigung, nicht die ganze Wertminderung, obschon sie zum Teil sogar subjektiv ist, sofort abzuschreiben. Ein Unternehmer, der Neuanlagen macht, obwohl die alten noch in gutem Zustande sind und dementsprechend zu Buche stehen, rechnet nämlich — abgesehen von Beweggründen nicht haushälterischer Art, z. B. auf den äußeren Eindruck oder Wohlfahrtszwecke abzielenden, — richtg so: die neuen Maschinen müssen an Herstellungskosten wenigstens so viel ersparen, daß außer der Abschreibung und Verzinsung der neuen auch noch die Entwertung der alten Maschinen gedeckt wird; dies aber kann nur allmählich geschehen. Auf dieser wirtschaftlich berechtigten Grundlage verteilt also der Unternehmer die Wertminderung, statt sie in einem abzuschreiben, auf einen längeren Zeitraum.

Nun gibt es aber Wertminderungen, die nicht auf Abnutzung beruhen und dennoch berücksichtigt werden müssen; solche entstehen z. B. durch Altern, Stoff- und Arbeitsmängel, unsachgemäße Benutzung, Feuer, Wasser, Frost, Gewalt und andere Schadensursachen und sind bei der Abschreibung zu berücksichtigen, soweit ihre Folgen nicht durch Ausbesserungen ausgeglichen werden. Tatsächlich sind Ausbesserungen, wenn auch der Zustand der Betriebsfähigkeit wieder erreicht wird, hierzu oft nicht imstande. Wären solche Entwertungen nicht ebenso zwingende Abschreibungsgründe wie die Abnutzung, so würde leicht der Fall eintreten, daß ein Gegenstand noch hoch zu Buche steht, obschon er subjektiv wie objektiv sehr wenig mehr wert ist. Würde z. B. von den Kosten einer elektrischen Sammleranlage, die wenig und selten beansprucht wird, nur ein dem geringen Gebrauch entsprechender kleiner Betrag abgeschrieben werden, so könnte es leicht geschehen, daß sie nach einer Reihe von Jahren mit beispielsweise noch dem halben Anschaffungspreise zu Buche steht, obwohl sie in Wirklichkeit — weniger durch Benutzung als durch Altern — auf den Altstoffwert gesunken ist. Ja nach dem Wortlaute des Gesetzes könnte der Fall eintreten, daß eine Aktiengesellschaft einen Feuerschadenersatz, der der ganzen Entwertung, nicht nur den Kosten der Wiederherstellung der Betriebsfähigkeit entspricht, nur zum Teil für eine notdürftige Ausbesserung verwendet, zum anderen Teil aber als Gewinn verteilt, indem sie sich nicht für verpflichtet hält, einen der Entwertung entsprechenden Betrag abzuschreiben, da diese nicht durch Abnutzung entstanden ist. Sicherlich aber hat der Gesetzgeber das nicht gewollt, sondern hat ihm unter „Abnutzung" eine Gruppe von Entwertungsursachen vorgeschwebt.

Der § 261, 3 HGB. sollte daher nicht lauten:

> „Anlagen und sonstige Gegenstände, die nicht zur Weiterveräußerung, vielmehr dauernd zum Geschäftsbetriebe der Gesellschaft bestimmt sind, dürfen ohne Rücksicht auf einen geringeren Wert zu dem Anschaffungspreise oder Herstellungspreise angesetzt werden, sofern ein der Abnutzung gleichkommender Betrag in Abzug gebracht oder ein ihr entsprechender Erneuerungsfonds in Ansatz gebracht wird",

sondern kürzer und deutlicher etwa:

„Betriebsanlagen und Betriebsgegenstände dürfen zum Betriebswert angesetzt werden, auch wenn der Veräußerungswert niedriger ist; der Betriebswert ergibt sich durch Abschreibung der im Hinblick auf den Betriebszweck eingetretenen Wertminderung vom Neuwerte. Die Abschreibung kann auch als Abschreibungskonto auf der Schuldenseite angesetzt werden."

Es wäre zweckmäßig, neu hinzuzufügen:

„Die Gesamtbeträge der Neuwerte, die der älteren Abschreibungen und der Betrag der jeweilig letzten Abschreibung sind einzeln anzugeben."

Wenn in dem Abänderungsvorschlage der Ausdruck „Abnutzung" nicht nur in „Verschlechterung" erweitert, sondern der ganz allgemeine Begriff „Wertminderung" eingeführt worden ist, hat das gute Gründe. Denn z. B. bei einer Konzessionsanlage kann die Wertminderung außer auf der technischen Verschlechterung auf der Herausgabepflicht (Heimfallast) beruhen. Darum wäre vielleicht auch der Ausdruck „subjektiver Wert" hierfür noch deutlicher als Betriebswert. Der Ausdruck „subjektiver Wert" wird aber, wie erwähnt, anderweitig — im Sinne von „individueller Wert" — nicht als Gegensatz zu dem unseres Erachtens allein „objektiven" Werte, dem reinen Sachwerte oder gemeinen oder Versilberungs-Werte, sondern als Gegensatz zum sogenannten „objektiven Gebrauchs- oder Geschäftswerte" angewendet und könnte daher mißverstanden werden. Wir finden den Ausdruck „objektiver Gebrauchswert" einigermaßen widerspruchsvoll, halten den Gebrauchswert an sich für etwas Subjektives — als Subjekt ist dabei nicht eine Person, sondern der mit der Betriebsanlage verbundene Zweck gegenüber der Loslösung von diesem Zwecke gedacht[1]) — während ein rein persönlich-subjektiver Wert uns als etwas Willkürliches, Ungesetzliches erscheint und daher überhaupt nicht in Frage kommt. Man könnte in Rücksicht auf eine etwaige Heimfalllast versucht sein, gegen den vorgeschlagenen wie auch gegen den älteren Wortlaut des Gesetzes einzuwenden, daß bezüglich

[1]) Die Bezeichnungen „absoluter" und „relativer" Wert lägen daher auch nahe, wenn man die Zahl der Ausdrücke noch vermehren wollte.

solcher Fälle die Bewertung zum subjektiven Werte — also mit Berücksichtigung der Herausgabepflicht — nicht nur freigestellt, sondern zwingend vorgeschrieben werden müßte. Aber einmal ist es ohnedies selbstverständlich, daß eine solche Verpflichtung, wie jedes andere Schuldverhältnis, im Abschlusse Ausdruck finden muß, ob das nun innerhalb der Abschreibung oder, wie Rehm für nötig hält[1]), durch einen selbständigen Schuldposten geschieht; andererseits wird der richtige Veräußerungswert einer solchen Anlage, falls dessen Ansetzung statt des Betriebswerts in Frage gezogen werden sollte, durch die Heimfallast in gleichem Maße beeinflußt werden.

§ 261, 3 gibt noch in zwei anderen, wenn auch weniger wichtigen Ausdrücken zu Bemerkungen Anlaß.

Die Bezeichnung „Weiterveräußerung" ist nicht ganz zutreffend, denn sie setzt voraus, daß die Betriebsgegenstände gekauft sind; sie können aber auch vom Besitzer selbst hergestellt sein, ein in Wirklichkeit, z. B. bei Maschinenfabriken, häufiger Fall. Gemeint ist: Veräußerung.

Ferner kann man über die Zweckmäßigkeit des Ausdrucks „dauernd" im Zweifel sein. Rehm[2]) sieht freilich gerade darin eine besonders gute Unterscheidung gegen die dem Betriebe nur vorübergehend zur Fabrikation dienenden Rohstoffe und Halbfabrikate. Dieser Unterscheidung bedarf es aber nicht, denn der Industrielle versteht unter Gegenständen, die dem Betriebe dienen, niemals Rohstoffe, Halbfabrikate oder Waren. Diese dienen vielmehr der Verarbeitung und Veräußerung im Gegensatze zum Betriebe, dem die Kraftanlagen, Werkzeugmaschinen, Werkzeuge und anderes dienen. Auch ist es nicht zutreffend, wenn Rehm[3]) sagt, „dauernd" bedeute „auf unbestimmte Zeit"; dauernd — der Gegensatz zu vorübergehend — hat keinen mathematischen Zeitwert, bedeutet aber eigentlich „immer". Eine Betriebsanlage bleibt aber eine Betriebsanlage, ob sie für bestimmte oder unbestimmte Zeit in Gebrauch genommen wird. Wenn Rehm für Anlagen von bestimmter Zeitdauer Bewertung nach dem Veräußerungswerte verlangt[4]),

---

[1]) Rehm, S. 448
[2]) Derselbe, S. 697
[3]) Derselbe, SS. 453, 697
[4]) Derselbe, S. 453

geht er zu weit. Natürlich kommt, wenn der Betrieb aufhört, nur noch der Veräußerungswert in Betracht. Der Betriebsgegenstand verwandelt sich dann, was häufig vorkommt, in einen Veräußerungsgegenstand. „Dauernd" und ebenso „vorübergehend" scheinen uns wegen ihrer Unbestimmtheit überhaupt für gesetzliche Bestimmungen ungeeignet.

Auf die in dem § 261, 3 HGB. angedeutete zweite Form für den Ausdruck der Abschreibungen im Abschlusse — Ansetzung eines „Erneuerungsfonds" — wird als auf eine besondere Frage an besonderer Stelle eingegangen werden.

Neben der handelsrechtlichen Bedeutung der Abschreibungsfrage besteht auch eine verwaltungsrechtliche, insofern gewisse Abschreibungen nach den verschiedenen Landesgesetzen vom steuerpflichtigen Einkommen abgezogen werden dürfen. Auch diese Frage wird an besonderer Stelle behandelt werden; bemerkt sei hier nur, daß auch sie vielfach mangelhaften Vorstellungen unterliegt, und daß keine volle Übereinstimmung in den bezüglichen Landesgesetzen der deutschen Staaten besteht.

3. Die Wertminderungen an Betriebsanlagen in wirtschaftlicher Hinsicht, die Preiskomponenten und der Herstellungspreis

Die Wertminderungen an Betriebsgegenständen scheiden sich rechtlich, wie wir gesehen haben, in solche, die Abschreibungen bedingen, und solche, die unberücksichtigt bleiben dürfen, woraus sich

a) notwendige Abschreibungen,

b) freiwillige Abschreibungen

ergeben.

Die freiwilligen Abschreibungen sind abschlußrechtlich echte Rücklagen, also Gewinn. Wirtschaftlich sind sie jedoch nicht durchweg Gewinn. Sinken z. B. die Kupferpreise wesentlich, so wird eine Anlage von kupfernen Behältern und Rohrleitungen für chemische Zwecke auch erheblich in ihrem wirklichen Sachwerte zurückgehen. Ändert sich der Gebrauchswert jedoch nicht, so ist keine Abschreibung erforderlich; erfolgt sie trotzdem, so ist sie freiwillig. Dieser Standpunkt gilt auch für uns, obwohl wir nicht nach dem Wortlaute von § 261, 3 Abschreibungen nur wegen „Abnutzung“ für erforderlich halten, sondern weil andere Entwertungsursachen, nur wenn sie den Gebrauchswert mindern, zwingende Abschreibungsgründe sind. Wirtschaftlich liegt aber in dem gekennzeichneten Falle eine Vermögensminderung vor. Das tritt zutage, wenn eine Auflösung, eine Veräußerung in dem fraglichen Zeitpunkt erfolgt; die Veräußerung braucht sich nicht einmal auf einzelne, vom Betriebe losgelöste Stücke zu beziehen, wobei der meist niedrigere Versilberungswert in Betracht kommt, sondern kann die gesamten Betriebsanlagen mit dem Zwecke des Fortbestehens umfassen, also den Betriebswert berücksichtigen. Denn auch dann werden die Tagespreise für Neuanlagen bei der Bewertung alter Anlagen von Einfluß sein. Erfolgt jedoch keine derartige Veränderung, und steht sie auch nicht bevor, so bleibt der Verlust unverwirklicht, und das ist der Grund, warum er handelsrechtlich und abschlußpolitisch unberücksichtigt bleiben darf. Freiwillige Abschreibungen, die noch weiter gehen, also auch vom wirtschaftlichen Standpunkte Unterbewertung darstellen, sind natürlich auch wirtschaftlich Gewinn.

Die Wertminderung im wirtschaftlichen Sinne deckt sich also nicht mit dem rechtlichen Begriffe der Wertminderung. Das ist aber auch im umgekehrten Sinne wie bei vorstehendem Beispiele der Fall. Abschlußrechtlich sind alle notwendigen Abschreibungen Verluste; wirtschaftlich sind zwar, wie wir gesehen haben, gewisse freiwillige Abschreibungen, die abschlußrechtlich Gewinnrücklagen sind, auch Verluste, andererseits aber sind gewisse abschlußmäßige Verluste wirtschaftlich nicht Verluste. Wirtschaftlich kann man die Abschreibungen in

a) ordentliche,

b) außerordentliche

trennen. Unter ordentlichen sind die aus der Abnutzung und sonstigen natürlichen Entwertungsursachen sich ergebenden, unter außerordentlichen die unvorherzusehenden, z. B. durch Maschinenbruch und Zerstörung von außen verursachten, zu verstehen.

Diese ordentlichen, regelmäßigen Abschreibungen sind wirtschaftlich keine Verluste, sondern haben die Natur von unmittelbar schaffenden („produktiven“) Kosten[1]).

---

[1]) Der Ausdruck „werbende“ Kosten ist hier vermieden, weil auch Warenabsatzkosten werbende Kosten sind.

Zum Verständnisse dieser Kennzeichnung bedarf es der Klarheit über die Komponenten des Preises, wie sie in nachstehender Tafel dargestellt sind[1]).

- **PREIS**
  - **Selbstkosten**
    - **Herstellungskosten**
      - **Grundkosten**
        - Arbeitstoffe mit Fracht, Verpackung, Anfuhr, Zoll
        - Herstellungslöhne mit Arbeiterversicherungskosten
        - ordentliche Abschreibungen für Abnutzung und Altern der Fabrikanlagen
      - **Ergänzungskosten**
        - Betriebsleitung (Gehalte, Löhne, Bureau-Unkosten)
        - Raumkosten
        - feste Schuldzinsen für Fabrikkapitalien
        - Kosten für Kraft, Licht, Heizung, Lüftung, Reinigung, Pförtner, Wächter
        - Unterhaltung der Fabrikanlagen (Instandhaltung, Ausbesserungen)
        - Lagern und Bewegen von Stoffen und Stücken
        - Versicherungsgebühren für Feuer usw.
        - Steuern (die Fabrik betreffend)
        - Versicherungskosten für Angestellte und (sog. unproduktive) Arbeiter
    - **Warenabsatzkosten**
      - Geschäftsführung und Verwaltung (Gehalte, Löhne, gewährleistete Gewinnanteile, Unkosten)
      - ordentliche Abschreibungen und Unterhaltungskosten für Geschäftsanlagen (Verwaltungsgebäude, Inventar usw.)
      - feste Schuldzinsen für Geschäftskapitalien
      - Raumkosten mit Licht, Heizung, Kraftverbrauch (Aufzüge, Lüftung)
      - werbende Unkosten (Reisende, Anzeigen, Vermittlungsgebühren)
      - Lagern und Freilieferung von Verkaufswaren
      - Versicherungskosten für Feuer usw.
      - Steuern (den allgemein. Geschäftsbetrieb betreffend)
      - Versicherungskosten für Angestellte und Hilfskräfte
  - **Aufschlag**
    - Gewinn (Rücklagen einschl. freiwilliger Abschreibungen, Kapitalverzinsung)
    - Wagnisgebühr (Nachlässe, Ausfälle, Gewährleistungen, außerordentliche notwendige Abschreibungen und andere unvorzusehende Verluste)

---

[1]) Mit geringen Änderungen aus „Ingenieur und Wirtschaftspraxis" vom gleichen Verfasser (Technik und Wirtschaft 1908, Heft 1) entnommen

Die Übersicht zeigt als Bestandteil der Grundkosten, also in gleichem Range wie die Arbeitstoffe und die Löhne für ihre Bearbeitung, die Kosten für die mit der Herstellung der Erzeugnisse verbundene Entwertung der Betriebsanlagen und Betriebsgegenstände; es handelt sich hierbei um die Abnutzung und um die sonst von der Nutzung untrennbare — also die durch Altern entstehende — Verschlechterung. Diese Wertminderungen sind rechtlich, abschlußmäßig Verluste, denn nach § 261, 3 HGB. u. Ges.Ges. § 42, 1 sind die notwendigen Abschreibungen für das ganze Geschäftsjahr als Verlust zu buchen; wirtschaftlich sind sie jedoch Teile der Herstellungskosten. Diese Unterscheidung ist nicht nur von theoretischer, sondern auch von praktischer Bedeutung. Da nämlich beim Abschlusse nicht alle Erzeugnisse, zu deren Herstellung die Abnutzung und sonstige Verschlechterung der Betriebsanlagen nötig war, fertiggestellt, geschweige verkauft zu sein pflegen, würde bei voller Absetzung der Jahresabschreibungen als Verlust ein zu ungünstiges Abschlußergebnis entstehen.

Eine Fabrik, die für mehrere Millionen fertige oder teilweise fertige eigene Erzeugnisse auf Lager hat, könnte leicht einen um hunderttausende zu ungünstigen Abschluß aufstellen, wenn alle Abschreibungen wirklich als Verluste behandelt würden. Das geschieht auch in der Regel nicht, oder wenn es geschieht, wird hierin eine versteckte Rücklage erblickt. Im allgemeinen hilft sich der Geschäftsmann durch folgendes Mittel: abschlußmäßig werden zwar die vollständigen Abschreibungen, ebenso alle Gehalte und sonstigen Kosten der Betriebsleitung als Verluste angesetzt, aber in der Bestandaufnahme werden die unverkauften, ganz oder teilweise fertigen eigenen Erzeugnisse zu einem höheren Preise angesetzt, als den Kosten der Arbeitsstoffe und Löhne entspricht. Zu diesen Kosten wird nämlich ein erfahrungsmäßig festgestellter Zuschlag, ein sogenannter Regiezuschlag, gemacht, der die Abschreibungen und Ergänzungskosten, soweit sie für unverkaufte Erzeugnisse ausgegeben sind, decken soll. Denn wirtschaftlich sind diese Kosten Teile des Herstellungspreises, auf Grund dessen die Bewertung zu erfolgen hat.

In bezug auf die Form ist zu erwähnen, daß die kaufmännische Übung die notwendigen Abschreibungen unter die

Ergänzungskosten (Regiekosten) einreiht, nicht wie die volkswirtschaftliche Wissenschaft unter die Grundkosten.

Die Unterscheidung zwischen dem wirtschaftlichen und handelsrechtlichen Verlustbegriff ist um so bemerkenswerter, als sie auch von einem Teile der Ergänzungskosten gilt, weil nach § 261, 4 u. Ges. Ges. § 42, 2 alle Kosten der Verwaltung ebenfalls abschlußrechtlich Verluste sind. Verwaltungskosten im weiteren Sinne sind aber auch die Gehalte der technischen und kaufmännischen Betriebsbeamten — die Kosten der gesetzlichen Arbeiterversicherung hingegen gehören gleich den Löhnen zu den Bearbeitungskosten —; trotzdem ist es rechtlich vertretbar, daß auch dieser Verlustposten in der erwähnten Weise in angemessenen Grenzen durch Ansetzung als Herstellungskosten in seiner Wirkung aufgehoben wird.

Das Gesetz hindert also nicht, den Begriff Herstellungspreis so weit zu fassen, wie es wirtschaftlich vertretbar und mit der Sorgfalt des ordentlichen Geschäftsmannes vereinbar ist. Damit unvereinbar wäre z. B. ein Inventuransatz, der über die allgemein für das gleiche Erzeugnis geltenden Herstellungskosten bedeutend hinausgeht; hat eine Fabrik vielmehr wesentlich ungünstiger als normal gearbeitet, so muß sie diesen Verlust auch bezüglich der noch unverkauften Erzeugnisse ausweisen und darf ihn nicht verschleiern. Auch darf der gesetzliche Begriff Herstellungspreis (§ 261, 2) nicht mit dem Begriffe „Selbstkosten" verwechselt, es dürfen also keinerlei Warenabsatzkosten — was zuweilen unter dem Deckmantel „erweiterte Regie" versucht wird — eingeschmuggelt werden; ebensowenig dürfen freiwillige Abschreibungen in den Zuschlag für Abschreibungen einbezogen werden. In diesen Punkten fehlt es unseren Geschäftsleuten und Bücherprüfern sehr an zureichender Kenntnis und klarer Unterscheidung, so daß nur die wenigsten Abschlüsse einwandfrei sind. Durchaus zu verwerfen ist, was bei einer unserer größten — wenn nicht bei vielen — Industriegesellschaften geschieht: die Bestände zahlreicher, handelsgerichtlich nicht eingetragener Zweigniederlassungen werden zu Preisen bewertet, die einen Gewinnzuschlag zugunsten des Stammhauses einschließen. Soweit sogar weicht die Übung vom Ordnungsmäßigen ab. Wir möchten in der Auffassung des Begriffes Herstellungspreis auch nicht so weit gehen wie Rehm, der ausspricht:

„Auch zum Herstellungspreis eines Gegenstandes gehört bilanzrechtlich nur, was auf ihn besonders verwendet wird; also z. B. Feuerversicherung, Provisionen für Geldbeschaffung, verlorene Zinsen (Verzinsung des in dem Gegenstand angelegten eigenen Kapitals, Verzinsung des zwecks Herstellung aufgenommenen Kapitals), Tantiemen, Errichtungsaufwendungen lediglich, wenn sie sich auf den zu bewertenden Gegenstand, nicht auf das Unternehmen oder die Gesellschaft als Ganzes beziehen" [1]).

Feuerversicherungskosten sind wenigstens teilweise, Provisionen sogar durchweg Warenabsatzkosten, also nicht ansatzfähig, ebenso gelten Errichtungsaufwendungen nicht nur rechtlich, sondern auch wirtschaftlich nicht als Teil der Herstellungskosten von Waren. Zinsen und echte „Tantiemen" sind wirtschaftlich Teile des Gewinnes. Beim „Reingewinnanteil" versteht sich das von selbst; handelt es sich um sogenannte Tantiemen, die in Wirklichkeit keine Anteile am Abschlußgewinne sind, sondern sich aus nicht abschlußmäßigen Teilabrechnungen ergeben, so stehen solche allerdings Gehalten gleich und sind entsprechend zu behandeln. Es kommt z. B. vor, daß dem Betriebsleiter einer Fabrikabteilung von einem rechnungsmäßigen Überschusse der von ihm geleiteten Abteilung ein Anteil gewährt wird; da eine solche Abrechnung aber kein Abschluß im rechtlichen Sinne ist, handelt es sich hier nicht um eine wirkliche „Tantieme", sondern nur um eine nach besonderen Vereinbarungen zu berechnende, dem Gehalte gleichstehende Entschädigung. Das geht schon daraus hervor, daß ein solcher Gewinnanteil fällig werden kann, obschon ein abschlußmäßiger Reingewinn überhaupt nicht vorliegt. Zinsen aber sind wirtschaftlich überhaupt niemals Herstellungskosten, sondern stets Gewinn. Hat ein Fabrikant, der nur mit fremdem Geld arbeitet, nach Zahlung der Zinsen nichts verdient, so hat er wirtschaftlich nicht ohne Reingewinn, sondern mit einem Reingewinn in Höhe der gezahlten Zinsen gearbeitet, wenn auch abschlußmäßig kein Reingewinn ausgewiesen werden kann. Hat er sogar einen Unterabschluß in Höhe der Zinsen, so ergibt sich zwar abschlußmäßig ein Fehlbetrag, wirtschaftlich aber ist das Ergebnis nicht anders als bei einer Aktiengesellschaft, die keinen Reinertrag, aber auch

---

[1]) Rehm, S. 713

keinen Kapitalverlust aufzuweisen hat. Zinsen sind also wirtschaftlich Gewinn; abschlußrechtlich können sie höchstens insoweit als Herstellungspreis angesehen werden, wie es sich um feste Schuldzinsen handelt, niemals aber in solcher Allgemeinheit, daß etwa gar Zinsen des gesamten angelegten Kapitals vorweg als Ergänzungskosten behandelt werden.

Mit Bezug auf Errichtungsaufwendungen ist zuzugeber, daß solche, die sich ausgesprochen auf eine bestimmte Anlage beziehen, wie beispielsweise die Erwerbskosten einer Konzession auf eine Gasanstalt, — unter Voraussetzung richtiger Abschreibung innerhalb der Konzessionsdauer — als Teil des Herstellungspreises der Anlage angesehen werden dürfen.

Bezüglich der wirtschaftlichen Natur der Wertminderung von Betriebsanlagen durch Nutzung liegt eine Sinnähnlichkeit mit dem physikalischen Begriffe des Energieverlustes vor. Wie Energie nicht verloren geht, sondern nur ihre Erscheinungsform ändert, so bedeutet die Abnutzung nur einen Wertübergang. Der Wertminderung am Werkzeuge entspricht eine verhältnismäßige Werterhöhung des in der Herstellung befindlichen Gegenstandes, oder wirtschaftlich ausgedrückt: mit der Betriebsabnützung und in dem Umfange, in dem sie eintritt, wird festgelegtes Kapital wieder umlaufend. Die Abschreibungen für Wertminderungen spielen bei der Selbstkostenbildung deshalb eine besonders wichtige Rolle, weil sie, wie schon angedeutet wurde, die Natur von „Ergänzungskosten" haben. Diese kennzeichnet Marshall als „ständige Belastungen, die der dauernden Anlage zur Last zu schreiben sind", als Ausgaben, die „sich nicht den etwaigen Schwankungen der zu leistenden Arbeitsmenge schnell anpassen"[1]).

Zur Beleuchtung dieser grundsätzlichen Bedeutung diene folgendes Beispiel:

Eine Maschinenfabrik erzeugt in einem bestimmten Zeitraum Maschinen im Herstellungspreise von einer Million Mark und gebraucht hierzu Betriebsanlagen (Grundstück, Baulichkeiten, Betriebs- und Werkzeugmaschinen, Werkzeuge, Modelle und andere Gegenstände) im Werte von sechshunderttausend Mark.

---

[1]) Marshall, Volkswirtschaftslehre I, Stuttgart 1905, S. 365

Die gesamten Herstellungskosten der Waren setzen sich, wie folgt, zusammen:

1.	Arbeitsstoffe	500000 M.
2.	Löhne und Arbeiterversicherungsbeiträge .	250000 „
3.	Ordentliche Abschreibungen	90000 „
4.	Ergänzungskosten	160000 „
		1000000 M.

Die Fabrik folgert hieraus, daß sie bei der Berechnung der Herstellungskosten mit einem durchschnittlichen Gesamtzuschlage von 100 aufs Hundert der Löhne zu rechnen hat[1]).

Wäre die Fabrik in der gleichen Zeit nur halb so stark beschäftigt gewesen, so wären die Kosten für Abschreibungen, da die Fabrik einmal für die größere Leistung eingerichtet ist, nahezu garnicht geringer geworden. Die sonstigen Ergänzungskosten wären ebenfalls nicht annähernd verhältnismäßig gesunken, denn die Gehalte der meisten Betriebsbeamten, die Unterhaltung der Anlagen, die Löhne der nicht unmittelbar schaffenden Arbeiter (Maschinisten, Heizer, Reinigungs-, Transport- und sonstigen Hilfsarbeiter) laufen ganz oder zum größten Teile weiter; ja selbst die Ausgaben für Betriebsstoffe (Kohlen usw.) fallen wegen des schlechteren Wirkungsgrades technischer Anlagen bei Nichtvollbelastung, des garnicht oder fast garnicht einzuschränkenden Bedürfnisses an Heizung und Beleuchtung und aus ähnlichen Gründen nicht annähernd im Verhältnis zur Arbeitsleistung. Man kann für unser Beispiel vielleicht annehmen, daß die Kosten

zu 3. von 90000 M. — zumeist wegen der Minderabnutzung von Modellen und Werkzeugen — auf 75000 M.

zu 4. von 160000 M. günstigen Falls auf . . . 125000 „

sinken; rechnet man dazu

1.	Arbeitsstoffe	1/2	250000 „
2.	Löhne	1/2	125000 „,

obwohl bei geringeren Einkaufsmengen auch die Rohstoffe und zu verfeinernden Erzeugnisse teuerer und bei geringeren Arbeitsmengen auch die Stücklöhne höher zu sein pflegen, so kostet

[1]) Es handelt sich hier nur um ein rohes Beispiel. Die Selbstkostenberechnung ist heute vielfach verwickelter, aber genauer.

die Hälfte fertiger Erzeugnisse nicht 500000 M., sondern 575000 M. Die Herstellungskosten würden sich also um 15 a. H. verteuert haben, der auf die Löhne erforderliche Aufschlag würde von 100 a. H. auf 160 a. H. und für die Abschreibungen allein von 36 a. H. auf 60 a. H. gewachsen sein.

Am deutlichsten tritt die große wirtschaftliche Bedeutung der Wertminderung von Betriebsanlagen und ihre grundsätzliche Gleichwertigkeit mit den anderen schaffenden Kosten bei Wirtschaftlichkeitsrechnungen und Rechnungsabschlüssen von reinen Betriebsunternehmungen hervor; darunter sind solche Unternehmen verstanden, die ihre Einnahmen aus dem unmittelbaren Betriebe ihrer Anlagen, nicht aus der Herstellung von Handelsware ziehen, also z. B. Eisenbahnen, Elektrizitätswerke, Gasanstalten. Bei solchen Unternehmungen kann der Wert der Anlagenverschlechterung so groß wie die gesamten Ausgaben für Betriebsstoffe und Löhne, ja größer als diese sein.

Da die Wirtschaftlichkeit reiner Betriebsunternehmungen mithin ganz besonders von der Höhe der Anlagenwertminderung abhängt, kommt diesem Ausgabeposten bei der Vorausberechnung der Wirtschaftlichkeit und beim Rechnungsabschlusse hohe Beachtung zu. Dem entspricht die Behandlung dieses Postens im Gebrauche oft nicht. Eine besondere Gefahr liegt darin, daß hinsichtlich der Vomhundertsätze der nötigen Abschreibungen oft zu sehr verallgemeinert wird, und daß unter einem Titel Gegenstände von allzu verschiedenartiger Beschaffenheit und Beanspruchung, daher von verschiedenartiger Nutzungsdauer, zusammengefaßt werden. Nun sollen zwar die betreffenden Abschreibungsätze als Durchschnittswerte angesehen werden, es ist aber eine bare Unmöglichkeit, allgemein und dauernd richtige Durchschnittswerte zu berechnen. Denn einmal sind die Bestandteile der Anlagegruppen in den einzelnen Fällen von sehr verschiedener Beschaffenheit, dann aber stehen sie bei verschiedenen Unternehmungen in sehr verschiedenem, ja sogar bei einem und demselben Unternehmen in einem innerhalb der Nutzungszeit schwankenden Verhältnis zum Gesamtwerte des Titels. So kommt es infolge unzulässiger Verallgemeinerung vor, daß ein Elektrizitätswerk auf ein oberirdisches Leitungsnetz mit Holzmasten, bei denen an sich schon die Nutzungsdauer sehr vom Holze, von der Stärke und der etwaigen Imprägnierung abhängt, ebensoviel — oder, was oft mehr zutrifft, ebensowenig — abschreibt wie ein anderes, dessen Netz auf Eisenmasten verlegt ist, oder wie ein drittes, das über ein unterirdisches, eisenarmiertes Kabelnetz verfügt. Von wie verschiedener Art kann der Oberbau einer Vollbahn oder einer Straßenbahn, können die Betriebsmittel solcher Unternehmen sein, und wie verschiedenartig in bezug auf Nutzungsdauer sind tatsächlich oft sogar die verschiedenen Strecken eines und desselben Unternehmens ausgestattet; die Nutzungsdauer eiserner Schwellen ist zum Beispiel eine geringere als die von Holzschwellen. Auch begegnet man Betriebsmaschinenkonten, die nicht allein Dampfmaschinen, sondern auch Wasserturbinen, Dampfturbinen, Explosionsmotoren umfassen, und auf die trotz ihrer — durch wesentlich verschiedene Beanspruchung gesteigerten — Verschiedenheit in der Nutzungsdauer der gleiche Satz abgeschrieben wird. Daß die Fehler, die sich aus derartigen sachlichen Irrtümern ergeben, meist noch durch das unrichtige Abschreibungsverfahren eines gleichbleibenden Vomhundertsatzes vom Buchwert und oft durch Vernachlässigung der Tilgung wegen Heimfalles vermehrt werden, wird an anderer Stelle darzulegen sein. Die Feststellung der Abschreibungsätze bedürfte daher in vielen Fällen größerer Sorgfalt seitens des Technikers und des Verwaltungsmannes.

Die Abschreibungsnotwendigkeit ist auch nicht verhältnismäßig zur Beanspruchung, sondern verhält sich ähnlich wie der Energieverbrauch gewisser Maschinen: bei halber Ausnutzung ist das Abschreibungserfordernis nicht das halbe, sondern nur wenig geringer als bei Vollausnutzung. In beiden Fällen wirkt sogar teilweise derselbe natürliche Grund mit: schon der Leerlauf bedingt ein gewisses, bei verschiedener Belastung gleichbleibendes Mindestmaß an Betriebstoffverbrauch wie an Abnutzung. Außerdem entwerten sich technische Anlagen sogar bei Stillstand durch Altern und andere Einflüsse. Wie wesentlich diese Sachlage gerade auf reine Betriebsunternehmungen einwirkt, sei an einem der Praxis entsprechenden Beispiele, das auch noch in anderer Beziehung den Zusammenhang zwischen Wirtschaftlichkeit und Ausnutzungskoeffizienten beleuchtet, gezeigt:

Betriebskosten eines Elektrizitätswerkes von etwa 1000 Kilowatt Leistung bei einer durchschnittlichen Jahresausnutzung von etwa

	600 Stunden	1000 Stunden[1])
Brennstoffverbrauch	15000 M.	25000 M.
Kesselspeisewasser	300 „	500 „
Schmier-, Putz- und Kleinmaterial	4500 „	6500 „
Betriebsleitung, Bedienung und Verwaltung	15300 „	18300 „
Instandhaltung u. Ausbesserungen	8000 „	10500 „
Abgaben und Verschiedenes . .	5900 „	9200 „
	49000 M.	70000 M.
Abschreibungen	56000 „	70000 „
	105000 M.	140000 M.
Selbstkosten der erzeugten Kilowattstunde	17,5 Pf.	14 Pf.
Selbstkosten der erzeugten Kilowattstunde an Abschreibungen	9,33 „	7 „

Aus dieser Sachlage ergibt sich auch die Möglichkeit und Berechtigung der billigeren Leistung zu den Zeiten der gewöhnlichen Unterausnutzung. Nur muß dabei — was eine der schwierigsten Tariffragen ist — vermieden werden, daß durch falsche tarifmäßige Unterscheidungen die billigere Leistungsabgabe auch in Zeiten der üblichen Vollausnutzung verlangt werden kann. Das ist z. B. bei den meisten Tarifen von Elektrizitätswerken der Fall, wenn sie elektrische Energie für Motoren zu jeder Tageszeit billiger liefern als Lichtstrom. Die verbreitete Annahme, daß beim Kraftstrompreis Abschreibung und Verzinsung nicht berücksichtigt zu werden brauchen, wäre annähernd richtig, „wenn der Strombedarf der Motoren nur die Lücken des Diagrammes, die die Lichtverbrauchskurve gegenüber der Vollbelastungslinie läßt, ausfüllen würde. In den Wintermonaten überhöht aber die Motorenstromkurve die Lichtvollbelastungslinie während etwa zwei bis drei Stunden um ihre ganze Höhe. Bei großen Werken mag sich das durch Heran-

[1]) Solche und größere Unterschiede ergeben sich aus der Art der Anschlüsse, besonders dem Umfange der Motorenanschlüsse.

ziehung der Sammleranlagen oder Aushilfsmaschinen ausgleichen lassen. Wirtschaftlich berechtigt ist der geringere Strompreis für diese Zeiten auch dann nicht, vielleicht aber aus geschäftlichen Gründen, z. B. wegen des Wettbewerbes von Gasmotoren, und aus sozialen Rücksichten — Förderung des Kleingewerbes — geboten. Für kleine Werke, die über keine großen Betriebsaushilfen verfügen, können aus dieser Sachlage schwere betriebstechnische und wirtschaftliche Nachteile entstehen" [1]). Wirtschaftlich berechtigt wäre nur, allen Strom, für welche Zwecke immer er Verwendung finden mag, in den Zeiten der Unterausnutzung, also in den Helligkeitsstunden und in den späten Nachtstunden, billiger abzugeben. Die billigere Stromabgabe kann freilich anderweitig und zwar insofern begründet sein — und das trifft für viele gewerbliche Betriebe und im höchsten Maße für Straßenbahnen zu —, als die durchschnittliche Ausnutzung der Anlage durch Motoren eine weit größere zu sein pflegt als durch Beleuchtung. Hier beruht die Verbilligung aber darauf, daß die gesamten festen Kosten, nicht nur die Abschreibung, durch einen höheren Teiler geteilt werden.

Die hier in bezug auf Elektrizitätswerke durchgeführte Erwägung hat natürlich Sinnähnlichkeiten auf den verschiedensten Wirtschaftsgebieten. Beispielsweise käme die Ausgabe billigerer Fahrkarten bei Stadtbahnen in den Zeiten der Unterausnutzung — das ist gewöhnlich die Zwischenzeit zwischen den Stunden der Beförderung zu und von den Arbeitstätten — oder für die in den Hauptnutzungsstunden jeweils vernachlässigte Fahrtrichtung in Frage.

Die wirtschaftliche Bedeutung, die die Anlagenwertminderung und die anderen festen Kosten für die Selbstkostenbildung haben, legt das Bestreben nahe, Anlagen durchgehend, also nur mit den technisch unerläßlichen Betriebspausen, voll auszunutzen. Dazu sind grundsätzlich verschiedene Wege möglich: Bei der Warenherstellung ist es der Tag und Nacht durchgehende Fabrikationsbetrieb mit mehrfacher Personenschicht, ein Mittel, das zur Bewältigung von Auftragshäufungen schon häufig bis zur dreifachen achtstündigen Arbeitschicht angewendet worden

[1]) Schiff, Konzessionen für Elektrizitätswerke, Elektrotechnische Zeitschrift (ETZ) 1908, Heft 1

ist. Bei Betriebsunternehmungen, die einen von Natur ungleichmäßigen Bedarf zu decken haben, sind zwei Wege gangbar: entweder die Verbindung mehrerer Betriebe, die sich in Bezug auf ihre Belastungsverteilung ergänzen, oder — wenn das technisch möglich ist — die Aufspeicherung des Betriebserzeugnisses. Der eine Weg wäre beispielsweise bei einer Kältemaschinenanlage beschritten, die zeitweilig eine künstliche Eisbahn versorgte — die Eispaläste sind in der Regel vom Herbst bis zum Frühjahr geöffnet — und in der anderen Zeit, also im Sommer, Kunsteis für den Verkauf herstellte. Das andere Mittel wird bei fast jeder elektrischen Gleichstromanlage durch Verwendung einer Sammleranlage angewendet, die — teilweise wenigstens — dem wirtschaftlichen Zweck eines besseren Ausnutzungsgrades der Maschinen dient. Fortschritte in dieser Richtung, namentlich durch Verbindung von verschiedenartigen Betrieben, werden, Hand in Hand mit den Fortschritten in der Zentralisierung der Krafterzeugung, in der selbsttätigen Bedienung technischer Anlagen und in der Ausnutzung noch wenig oder gar nicht genutzter Kraftquellen von der Zukunft zu erwarten sein. Auf eine solche Entwicklung wird die noch zu wenig gepflegte Ausbildung technischen Geistes zu wirtschaftlichem Denken von Einfluß sein.

Die Einführung des Tag und Nacht durchgehenden Betriebes von Fabriken als Regel, lediglich zur billigeren Warenherstellung und ohne betriebs- und bedarfstechnische Notwendigkeit, wäre als eine kapitalistische Entwicklungstufe von gewaltiger wirtschaftlicher Bedeutung zu erwarten, wenn nicht mit dem Gegengewicht der fortschreitenden sozialen Erkenntnis zu rechnen wäre. So wenig sich, abgesehen von gewissen — z. B. englischen — Ausnahmeverhältnissen, die in der besonderen geographischen und wirtschaftlichen Lage beruhen, die manchesterlichen Grundsätze politisch unbegrenzter Wirtschaftsfreiheit allgemein behaupten konnten, so wenig wird der industriell-kapitalistische Entwicklungstrom auch dort, wo er noch wenig gehemmt ist, der Regelung und Eindämmung aus sozialen Rücksichten entgehen. Da sich im Gegenteil kein Kulturvolk den Bestrebungen nach Verkürzung der Arbeitzeit auf die Dauer entziehen kann, bei allgemeiner Einführung von Mehrfachschichten auch bald Arbeitermangel entstehen würde[1]), ist auch nicht zu befürchten, daß sich aus der gedachten Entwicklungsmöglichkeit eine dauernde und wesentliche Verschiebung in der Wettbewerbsfähigkeit auf dem Weltmarkt ergeben könnte. Im Gegenteil wird, wenn sonst die Voraussetzungen der Wettbewerbsfähigkeit gegeben sind, das Volk voranstehen, dessen geistige und körperliche Leistungsfähigkeit vor dem bei einseitig kapitalistischen Beweggründen zu befürchtenden Raubbau am besten geschützt wird. Die billigste Gütererzeugung wäre also letzten Endes auch hier nicht die wirtschaftlichste.

Den Abschreibungen für Anlagenentwertung wohnt, wie bereits aus früher Gesagtem hervorgeht, auch eine besondere geldwirtschaftliche Bedeutung inne. Durch die ordnungsmäßige Verrechnung der Wertminderung auf den Preis des Erzeugnisses wird festgelegtes Anlagekapital in dem entsprechenden Umfange wieder umlaufend. Das sei an folgendem Beispiel erläutert: Der Verkaufspreis für die oben einschließlich 90000 M. Abschreibungen auf eine Million Mark Herstellungskosten berechneten Erzeugnisse ergibt sich etwa, wie folgt:

Herstellungskosten	1000000 M.
dazu allgemeine Verwaltungs- und Warenabsatzkosten	120000 „
Selbstkosten mithin	1120000 M.
dazu Gewinn und Wagnisgebühr . . .	130000 „
also ordnungsmäßiger Verkaufspreis . .	1250000 M.

Erhält der Verkäufer diesen Preis, so werden ihm damit außer dem Gewinn und einer Wagnisgebühr („Risikoprämie“) für Gewährleistung, unvorhergesehene Kosten und Ausfälle alle seine Auslagen und auch die Anlagenentwertung in flüssigen Werten wiedererstattet; das angelegt gewesene Kapital ist also in Höhe der Abschreibungen umlaufend geworden. Die geldwirtschaftliche Bedeutung dieses Vorganges erkennt man am besten, wenn man sich vergegenwärtigt, welche Folgen für die Unternehmen aus der Vornahme ungenügender Abschreibungen entstehen können und teilweise entstehen müssen. Es ist ohne

---

[1]) Krisen brauchten dadurch nicht zu entstehen, im Gegenteil würde Kapital erspart; Übererzeugung ist aber jetzt auch möglich.

weiteres klar, daß sich der ausweisbare Gewinn um den Betrag, um den die Abschreibungen zu gering bemessen werden, erhöhen wird. Diese Erhöhung geschieht aber nicht aus wirklichem Gewinn, sondern auf Kosten des Anlagekapitals: Bestandteile des Vermögens werden zum Gewinn herangezogen und unter Umständen als solcher verteilt. Gerade das soll aber zur Sicherung der Gläubiger und Anteilseigner durch die Maßnahme der Abschreibungen verhütet werden. Ein solcher Fehler wird sich natürlich rächen, einmal durch das schließliche wirtschaftliche Ergebnis, meist aber schon vorher durch Geldmangel. Umgekehrt werden reichliche Abschreibungen (seien es nun echte, durch die Dehnbarkeit der Auffassung des Entwertungsbegriffs mögliche Abschreibungen oder unechte, also Rücklagen) zwar den ausweisbaren Gewinn schmälern, aber den wirtschaftlichen Wert des Unternehmens und die Geldflüssigkeit erhöhen. Das ist von um so größerer Wirklichkeitsbedeutung, als es — von nicht hierher gehörigen Ursachen ganz abgesehen — nicht einmal ungenügender Abschreibungen bedarf, um ein Gewinn verteilendes Unternehmen in Geldnot geraten zu lassen; meist genügt der Mangel an Gewinnrücklagen schon, um die Gefahr der Geldknappheit früher oder später herbeizuführen. Das ergibt sich aus folgenden Erwägungen: Eine Gesellschaft wird in der Regel, um die Geldbeschaffung nicht zu erschweren, und wenn selbst dieser Punkt keine Rolle spielt, um die Dividende nicht zu verwässern, mit nicht mehr Kapital, als für die Anlagen und den Betrieb nötig ist, ausgestattet. Fast jedes Unternehmen, das von Dauer ist, erweitert sich aber über den Anfangsumfang. Die Erweiterungen geschehen meist allmählich; eine Kapitalerhöhung ist oft erst nachträglich möglich, wenn die Wirkung der Zunahme der Geschäfte, die eben jene Betriebserweiterungen voraussetzte, eingetreten ist. Oft ist auch, obwohl das Unternehmen lebensfähig ist, aus anderen Gründen eine Kapitalerhöhung — wenigstens zeitweilig, z. B. infolge der allgemeinen Lage des Geldmarktes, —, nicht durchführbar. Die Gesellschaft, die ihr Kapital teils in den Anlagen festgelegt hat, teils für den Betrieb flüssig erhalten muß, ihren Gewinn aber ganz ausschüttet, hat für solche Erweiterungen oder für andere nützliche Geschäftsmaßnahmen kein Geld frei; die Aufnahme von Anleihen ist oft auch nicht durchführbar oder nicht zweckmäßig und die Geldknappheit somit gegeben. Daß die Aufschatzung von — offenen oder versteckten — Rücklagen überdies zins- und dividendenfreies Kapital gewährt, sei beiläufig erwähnt. Eine andere, nicht hierher gehörige Frage ist es, wieweit durch diese Sachlage das Bild der Wirtschaftlichkeit industrieller Unternehmungen getrübt wird[1]).

4. Die Abschreibungstechnik[2])

Die Abschreibung ist, wie wir gesehen haben, das abschlußmäßige Mittel, um die Wertminderung an Betriebsanlagen auszudrücken. Welche Wertminderungen auf solche Weise auszugleichen sind, haben wir an anderer Stelle untersucht, wir nehmen demgemäß als gegeben an, daß zwar nicht alle wirtschaftlichen Entwertungen, aber auch nicht lediglich die technische Wertminderung durch Gebrauch, wie es nach dem Gesetzesausdrucke „Abnutzung" scheint, Abschreibungen bedingen. Maßgebend für die Bemessung der Abschreibung ist also der Unterschied zwischen dem Buchwerte des vorangegangenen Abschlusses und dem zeitlichen Betriebswerte.

Nachdem somit das grundsätzliche Abschreibungserfordernis umgrenzt, nachdem auch die wirtschaftliche Bedeutung der Abschreibungen erörtert worden ist, ergibt sich die Frage, wie die Abschreibung rechnungsmäßig durchzuführen ist.

Das Gesetz gibt in § 40 HGB. die ganz allgemeine Bestimmung, daß der Zeitwert, der den Vermögensgegenständen beizulegen ist, maßgebend ist, und § 261, 3 HGB. sagt, daß ein der Abnutzung gleichkommender Betrag abzuschreiben ist.

Es handelt sich also darum, wie die in Betracht kommende Wertminderung am zutreffendsten zu ermitteln und ziffernmäßig auszudrücken ist.

Der Wert eines Betriebsgegenstandes steht nur in zwei Zeitpunkten sicher fest: am Anfang und am Ende eines Zeitraumes,

---

[1]) Vgl. Schiff, Die Wirtschaftlichkeit von Aktien-Gesellschaften, Technik und Wirtschaft 1908, Heft 12

[2]) Die Grundfehler des herrschenden Abschreibungsverfahrens sind vom Verfasser schon vor vielen Jahren erkannt und besprochen, wenn auch — vor Drucklegung dieser Arbeit — erst 1908 in ETZ 1908, Heft 1, Technik und Wirtschaft 1908, Heft 9, veröffentlicht worden.

innerhalb dessen er einem bestimmten Betriebe dient. Zwischen diesen Grenzwerten verläuft die Entwertungslinie, in der einzelne Punkte entsprechend den Abschlußzeiten zu bestimmen sind.

Es ist ohne weiteres klar, daß eine mathematisch genaue Entwertungslinie zu ermitteln unmöglich ist, und daß man sich mit der Wahrscheinlichkeit, der Annäherung, begnügen muß. Am zutreffendsten scheint auf den ersten Blick eine sachverständige Schätzung nach dem jeweiligen Betriebszustande des Gegenstandes. Jedermann weiß aber, daß die Schätzungen Sachverständiger innerhalb so weiter Grenzen liegen, daß dieser Weg keinen zuverlässigen Erfolg haben würde; wenn man auch nicht bezüglich aller Schätzungen auf dem Standpunkte des von Staub wiedergegebenen Wortes „Taxen sind Faxen“ zu stehen braucht, so sind selbst bei gründlichen und wirklich sachkundigen Schätzern erhebliche Abweichungen möglich.

Es bleibt daher als Bewertungsgrundlage nur die Annahme eines auf Erfahrung begründeten, einer festen Regel untergeordneten Entwertungsverlaufes übrig. Das entspricht auch den als Ergänzung der gesetzlichen Vorschriften geltenden Grundsätzen geordneter Buchführung (§ 38 HGB.), die nach Einfachheit und Gleichmäßigkeit streben.

Die Annahme eines regelmäßigen Verlaufes der Entwertung ist aber nur unter zwei Voraussetzungen möglich:

1. daß die Betriebsgegenstände ordnungsmäßig unterhalten und die hieraus erwachsenden regelmäßigen und unregelmäßigen Aufwendungen (Ausbesserungen) nicht dem Anlage- oder Abschreibungs- oder Ersatzkonto belastet, sondern als Unkosten verbucht werden,
2. daß die gänzlich unvorherzusehenden, außerordentlichen Wertminderungen gegenüber dem Betriebswerte, die durch natürliche Einflüsse, Betriebsschäden und anderes etwa entstehen, durch außerordentliche Abschreibungen ausgeglichen werden.

Was die erste dieser Voraussetzungen betrifft, so ist ohne weiteres klar, daß ohne eine sachgemäße Instandhaltung und rechtzeitige Vornahme von etwa nötigen Ausbesserungen ein annähernd regelmäßiger Entwertungsverlauf nicht denkbar ist. Ebenso kann kein Zweifel darüber bestehen, daß aus rechtlichen und wirtschaftlichen Gründen, auf die anderen Ortes näher eingegangen werden soll, die Kosten der Unterhaltung und Ausbesserungen im allgemeinen als Unkosten anzusehen sind, und daß die regelmäßige Abschreibung die Entwertung, die trotz ordnungsmäßiger Unterhaltung eintritt, auszugleichen hat.

Die außerordentlichen Wertminderungen entziehen sich natürlich vollständig der Voraussicht, sie treten völlig unregelmäßig auf und können somit bei der gewöhnlichen Abschreibung, die einen regelmäßigen Verlauf der Entwertung voraussetzt, nicht berücksichtigt sein. Sie sind daher, soweit sie nicht durch Ausbesserung beseitigt werden, durch Sonderabschreibungen auszudrücken, und es ist rechtlich und wirtschaftlich fehlerhaft, wenn das nicht geschieht. Für die Höhe solcher Abschreibungen können nur die absoluten Werte der jeweiligen Wertminderung nach tatsächlichen Verhältnissen oder sachverständigem Ermessen maßgebend sein. Für unsere Betrachtung der Abschreibungstechnik bleiben sie somit außer Betracht.

Ist die Annahme eines regelmäßigen Entwertungsverlaufs selbst bei der nachträglichen Bewertung, beim Rechnungsabschluß, aus den dargelegten praktischen Gründen nötig, so ist sie für die Vorausberechnung von Anlageerträgnissen oder Preisen („Rentabilitätsrechnungen“, „Vorkalkulationen“) erst recht nicht zu entbehren. Höchst wichtig ist natürlich neben der sachgemäßen Bemessung der Abschreibungsätze die Anwendung richtiger rechnerischer Grundsätze.

Um zu einer Verhältnisgleichung zwischen dem Werte des Gegenstandes und der regelmäßigen Wertminderung zu kommen, müssen, da nur der Anfangswert bekannt ist, die Größen Nutzungsdauer und Endwert auf Grund von Erfahrungen geschätzt und muß ein bestimmter Verlauf der Entwertung angenommen werden.

In welcher Weise erfolgt nun in der Regel die Abschreibung, und entspricht der dabei zugrunde gelegte Entwertungsverlauf der Wirklichkeit mit der hier in Frage kommenden Annäherung?

Die Antwort auf die erste dieser beiden Fragen lautet: In der weitaus größeren Mehrzahl der Abschlüsse — man darf wohl sagen, in fast allen — geschieht die Abschreibung in Vomhundertsätzen des jeweiligen Buchwertes. Ein Beispiel möge das Ergebnis erläutern:

Von einer Industrieanlage im Anfangswerte von 100000 M. werden alljährlich 20 v. H. abgeschrieben. Das ergibt folgendes Bild:

	Anfangsbuchwert	Abschreibung	Endbuchwert
1. Jahr . .	100000,— M.	20000,— M.	80000,— M.
2. „ . .	80000,— „	16000,— „	64000,— „
3. „ . .	64000,— „	12800,— „	51200,— „
4. „ . .	51200,— „	10240,— „	40960,— „
5. „ . .	40960,— „	8192,— „	32768,— „
6. „ . .	32768,— „	6553,60 „	26214,40 „
7. „ . .	26214,40 „	5242,88 „	20971,52 „
8. „ . .	20971,52 „	4194,30 „	16777,22 „
9. „ . .	16777,22 „	3355,44 „	13421,78 „
10. „ . .	13421,78 „	2684,36 „	10737,42 „
11. „ . .	10737,42 „	2147,48 „	8589,94 „

Nehmen wir an, die Anlage wäre hiermit bei einem Buchwert angelangt, der dem Altwert entspricht, so daß selbst, wenn sie völlig abgenützt ist, keine Abschreibung mehr nötig ist.

Diese Abschreibungsweise beziffert nun die regelmäßige Entwertung beispielsweise im ersten Jahr auf 20000 M., im vierten Jahr auf ungefähr 10000 M., im siebenten Jahre nur auf ungefähr 5000 M. und im elften Jahre gar nur auf ungefähr 2000 M. Schon auf den ersten Blick erscheint eine solche Annahme unnatürlich.

Diese Abschreibungsweise setzt voraus, daß die regelmäßige Entwertung mathematisch durch die folgende Formel auszudrücken ist:

$$a = 100\left(1 - \sqrt[n]{\frac{k}{K}}\right),$$

worin a den Vomhundertsatz der Buchwertabschreibung, K den Anfangswert (Anschaffungspreis), k den Endwert und n die Zahl der Nutzungsjahre bedeutet[1]).

Anschaulicher als die analytische Darstellung ist die graphische. **Langhans** gibt das folgende Bild zur Kennzeichnung dieses angeblichen Entwertungsverlaufes, dargestellt mit Bezug

[1]) **Blum**, Die Abschreibungen und ihre Zulässigkeit als Einkommensabzüge usw., in den Annalen des Deutschen Reichs, München 1903, S. 32 ff.

auf einen in 125 Jahren abzuschreibenden Anfangswert von 20000 M. bei 1400 M. Endwert[1]).

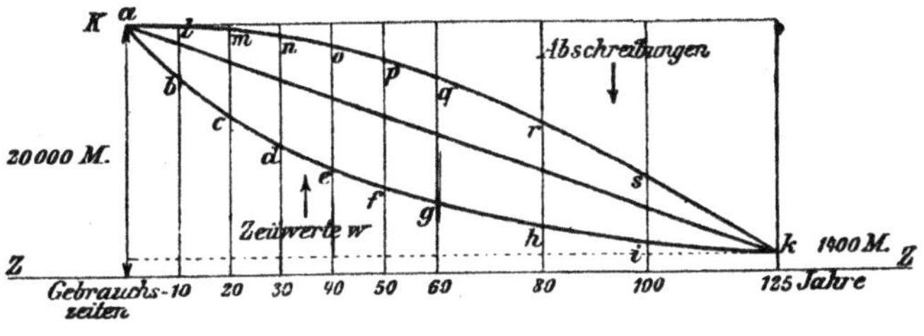

Fig. 1.

Die Gebrauchszeiten sind in der Abszissenachse, die Zeitwerte als Ordinaten aufgetragen. Die Schaulinie *a b c d e f g h i k* zeigt in kennzeichnender Weise die anfänglich starke, immer geringer werdende Abschreibung, die jedoch niemals den Wert Null erreichen kann, da die Kurve asymptotisch verläuft.

Auch Langhans verwirft an Hand dieser Entwertungslinie die Annahme, daß sich die Wertminderung durch „Alter und Gebrauch" in einem gleichbleibenden Vomhundertsatze des jeweiligen Buchwertes ausdrücken ließe[2]), eine Ansicht, die im Gegensatze zu dem herrschenden Brauche mit Nachdruck vertreten werden muß.

Ein auffälliger Widerspruch zu dem kaufmännischen Brauche einer derartigen Abschreibungsweise in Rechnungsabschlüssen besteht darin, daß in den Vorausberechnungen des Ertrages, die größeren technischen Entwürfen, z. B. von Bahnanlagen, Licht-, Kraft-, Wasserwerken und anderen Unternehmungen, in der Regel beigegeben werden, die Abschreibung allgemein als gleichbleibender Satz vom Hundert des Bauwertes — also als gleichbleibender absoluter Jahreswert — angenommen wird. Würde man auch hier die Abschreibung nach einem festen Satze vom Hundert des jeweiligen Buchwertes einführen,

---

[1]) Langhans, Die Abschreibungen für Abnützung als Einkommensabzüge usw., in den Annalen des Deutschen Reichs 1903, S. 923 ff.

[2]) Derselbe, Annalen 1903, S. 924

so müßte man allerdings für jedes Betriebsjahr zu einem anderen wirtschaftlichen Ergebnisse gelangen.

Blum, der selbst die Frage, welche Abschreibungsart richtig ist, offen läßt, weist auf eine andere Erscheinung bei der Absetzung vom Buchwerte hin, von der Langhans [1]) mit Recht bemerkt, daß sie geeignet sei, hinsichtlich der Richtigkeit dieser Abschreibungsart Zweifel zu erwecken. Blum [2]) zeigt nämlich, wie sehr „die Höhe der prozentualen Abschreibung bei der Absetzung vom Buchwerte vom Endwerte des Gegenstandes abhängt, während die prozentuale Abschreibung bei der Absetzung vom Bauwerte (Anschaffungswerte) einer solchen bedeutenden Schwankung nicht unterworfen ist". Er erläutert dies durch folgendes Beispiel [3]):

Ein Gebäude im Neuwerte von 20000 M. soll in 125 Jahren einen Endwert von 1400 M. erreichen. Bei Absetzung vom Buchwerte wären demnach alljährlich abzuschreiben

$$a = \left(1 - \sqrt[125]{\frac{1400}{20000}}\right) 100 = 2{,}1 \text{ v. H.},$$

bei Absetzung vom Anschaffungswerte

$$a = \frac{20\,000 - 1400}{125} = 149 \text{ M.} = 0{,}745 \text{ v. H.},$$

um das gleiche Endergebnis zu erreichen. Wird der Restwert des Gebäudes nach 125 Jahren mit 0 angenommen, was praktisch keinen großen Unterschied bedeutet, so verschieben sich die Abschreibungsätze vom Hundert wie folgt (wobei statt 0 der Näherungswert 1 eingesetzt ist, damit die Gleichung nicht transzendent wird):

Fall 1, Absetzung vom Buchwerte,

$$a = \left(1 - \sqrt[125]{\frac{1}{20000}}\right) 100 = 7{,}6 \text{ v. H.},$$

Fall 2, Absetzung vom Bauwerte,

$$a = 160 \text{ M.} = 0{,}8 \text{ v. H.}$$

Während also der jährliche Satz bei Absetzung vom Anschaffungspreise durch die Änderung des Endwertes nur die

[1]) Langhans, Annalen 1903, S. 924

[2]) Blum, Die Abschreibungen und ihre Zulässigkeit als Einkommensabzüge usw., Annalen 1903, S. 32 ff. u. S. 38

[3]) Derselbe, Annalen 1903, S. 38

geringe Veränderung von 0,8 gegen 0,745 v. H. erfährt, ist die entsprechende Beziehung bei Absetzung vom Buchwerte

7,6 : 2,1 v. H.

Ein so geringfügiger Unterschied — 1400 M. Mehrentwertung in 125 Jahren — ergäbe also einen so wesentlich veränderten Abschreibungs- und angeblichen Entwertungsverlauf. Auch Langhans[1]) weist auf das Unnatürliche dieser Erscheinung hin, da doch der Endwert eine unveränderliche, vom Entwertungsverlaufe unabhängige Größe sei. Die Annahme eines solchen Entwertungsverlaufes ist eben willkürlich, und eine solche Abschreibungsweise kann nur auf einem großen Irrtume beruhen, über den infolge allzu langer Gewöhnung nicht mehr nachgedacht wird.

Die tatsächliche Erfahrung wird in bezug auf den Verlauf der Entwertung eher das Gegenteil lehren: daß die Abnutzung und sonstige Entwertung anfangs langsamer, später schneller vor sich geht. Werden doch aus naheliegenden mechanischen Gründen manche Maschinen in der ersten Gebrauchszeit sogar besser — sie laufen sich ein, d. h. sie beseitigen durch ihre eigene Arbeit kleine Verschiedenheiten des Stoffes und der Bearbeitung — und bleiben sie doch jedenfalls in den ersten Jahren bei richtiger Behandlung gebrauchsmäßig „so gut wie neu". Sind sie aber erst einmal stark abgenützt und altersschwach, so schreitet naturgemäß die Abnutzung rascher fort als vorher, und sie nähern sich dann schnell dem Zustande der Unbrauchbarkeit.

Langhans[2]) macht auch mit Recht auf die große wirtschaftliche Schädigung, die für den Eigentümer bei Zugrundelegung eines solchen Verlaufes der normalen Entwertung entstehen kann — und wohl häufig entsteht — aufmerksam; wird bei Veräußerungen, Brandschäden, Enteignungen die dargestellte Entwertungslinie als richtig angenommen, so wird sich gegenüber der Absetzung vom Baupreis ein großer Unterschied zum Schaden des Veräußerers oder von einem Brandschaden Betroffenen ergeben. Wenn wir unser erstes Beispiel zum Vergleich heranziehen, zeigt sich folgendes:

---

[1]) Langhans, Annalen 1903, S. 924
[2]) Derselbe, Annalen 1903, S. 924

Wenn bei 100000 M. Neupreis jährlich 20 v. H. des jeweiligen Buchwertes abgeschrieben werden, ist das Kapital nach etwa 50 Jahren ungefähr auf 1 M. abgeschrieben; der Wert 0 kann bei diesem Verfahren nie erreicht werden, denn für die mathematische Vollabschreibung ist t (Zeit) $= \infty$ Während also nach 3 Jahren schon ungefähr die Hälfte abgeschrieben ist, bedarf die andere Hälfte etwa weiterer 47 Jahre zur Durchführung der annähernden Vollabschreibung. Diese Erwägung verdeutlicht die schon betonte Unnatürlichkeit des bei diesem Verfahren vorausgesetzten Entwertungsverlaufs noch besonders. Die folgende Vergleichstafel zeigt die großen Unterschiede, die sich ergeben, wenn die Anlage durch Abschreibung eines gleichbleibenden Vomhundersatzes des Buchwertes oder durch einen absolut gleichbleibenden Betrag vom Anschaffungswert in der gleichen Zeit von 50 Jahren auf 0 oder annähernd 0 abgeschrieben wird.

Bei der Bauwertabschreibung ist dann einfach

$$a = \frac{K}{n} = \frac{100000}{50} = 2000 \text{ M. jährlich.}$$

Die Anlage würde also mit folgenden Werten zu Buche stehen:

nach	bei Absetzung		Unterschied
	vom Buchwerte	vom Anschaffungswerte	
	Tafel a	Tafel b	Tafel c
1 Jahre	80000,— M.	98000,— M.	18000,— M.
2 Jahren	64000,— „	96000,— „	32000,— „
3 „	51200,— „	94000,— „	42800,— „
4 „	40960,— „	92000,— „	51040,— „
5 „	32768,— „	90000,— „	57232,— „
10 „	10737,42 „	80000,— „	69262,58 „
15 „	3518,44 „	70000,— „	66481,56 „
20 „	1152,92 „	60000,— „	58847,08 „
30 „	123,79 „	40000,— „	39876,21 „
40 „	13,30 „	20000,— „	19986,70 „

Wird also eine Entschädigung nach dem Buchwerte berechnet, so erhält der Eigentümer bei dem Buchwertabschreibungsverfahren den in a bezeichneten Betrag und erleidet somit den in Tafel c angegebenen Schaden gegenüber einer Berechnung der Entschädigung nach dem Verfahren der Abschreibung vom Anschaffungswerte. Der Schaden steigt, bis er bei ungefähr $^1/_5$ der Nutzungsdauer ungefähr 70 v. H. des Neuwertes erreicht hat, und fällt dann allmählich, besteht aber natürlich zu jeder Zeit, da die Buchwerte zum ersten Male wieder bei Erreichung des Restwertes zusammenfallen.

Die wirtschaftliche Wichtigkeit dieser Sachlage leuchtet ein, wenn man — vom Ersatze von Feuerschäden, bei denen zumeist die Schätzung maßgebend ist, abgesehen — an die große Zahl von Abkommen — Konzessions-, Gesellschafts- und Kaufverträgen aller Art — denkt, in denen bestimmt wird, daß der eine Vertragschließende berechtigt ist, Besitz des anderen „zum Buchwerte“ zu übernehmen, ohne daß das anzuwendende Abschreibungsverfahren einwandsfrei festgesetzt wird. Ist ein Kaufvertrag auf Grund vorliegender Rechnungsabschlüsse zustande gekommen, so wird zwar vielleicht kein Rechtsstreit über das Abschreibungsverfahren entstehen, der Verkäufer sich aber unter Umständen unwissentlich selbst geschädigt haben; handelt es sich um einen Konzessionsvertrag, so wird natürlich eine Ungenauigkeit in der gedachten Beziehung leicht einen Rechtsstreit verursachen, wie sie überhaupt bei solchen Verträgen häufig entstehen.

Die Vergleichstafel zeigt auch deutlich, wie unnatürlich lange Nutzungszeiten bei den üblichen Sätzen der Buchwertabschreibung, wenn auch zumeist unbewußt, zugrunde gelegt werden. Selbst ein so hoher Abschreibungsatz wie 20 v. H. entspricht noch einer fünfzigjährigen Nutzungsdauer. Was anfangs etwa zu viel abgeschrieben wird — in Wirklichkeit ist das meist auch anfangs nicht der Fall —, schreibt man hierbei später zu wenig ab. Es ist damit auch das Unkaufmännische verbunden, daß man die Anfangsjahre eines Unternehmens zugunsten der späteren Betriebsjahre, die als Stufen einer vorgeschritteneren Entwicklung ohnedies günstigere wirtschaftliche Ergebnisse aufzuweisen pflegen, vergleichsweise viel stärker belastet. Schriebe man z. B. in dem mehrerwähnten Beispiel im ersten Jahre nur 4000 M. statt 20000 M. ab, bliebe aber bei dieser absoluten Abschreibungsgröße stehen, so wäre belastet

das 1.	Betriebsjahr	statt mit	20000,— M.	nur mit	4000,— M.
„ 2.	„	„ „	16000,— „	„ „	4000,— „
„ 3.	„	„ „	12800,— „	„ „	4000,— „
„ 4.	„	„ „	10240,— „	„ „	4000,— „
„ 5.	„	„ „	8192,— „	„ „	4000,— „
„ 6.	„	„ „	6553,60 „	„ „	4000,— „
„ 7.	„	„ „	5242,88 „	„ „	4000,— „
„ 8.	„	„ „	4194,30 „	„ „	4000,— „
		zusammen:	83222,78 M.		32000,— M.

Die ersten 8 Betriebsjahre wären also mit über 51000 M. weniger belastet und trotzdem wäre die ganze Anlage schon in 25 statt in 50 Jahren abgeschrieben. Erst nach dem 8. Jahre wäre die absolut unveränderliche Abschreibung höher als die ihrem absoluten Werte nach veränderliche (relativ unveränderliche) Abschreibung vom Buchwert; sicherlich ist die an sich gleichbleibende Abschreibung natürlicher und zweckmäßiger.

Der Fehler dieses Verfahrens ist also ein doppelter: einmal verteilt es die Abschreibung in technischer und wirtschaftlicher Hinsicht falsch, indem anfangs mehr, später weniger abgeschrieben wird; dann aber — und zwar, weil sonst der Verteilungsfehler durch die hohe Anfangsbelastung allzu fühlbar werden würde, — veranlaßt dieses Verfahren leicht, daß viel zu lange Nutzungszeiten zugrunde gelegt werden. Darin besteht überhaupt der größte Nachteil dieser Abschreibungsweise im Gebrauche: theoretisch hat die Voraussetzung eines anderen Entwertungsverlaufs nur eine andere Verteilung der Gesamtabschreibung auf die einzelnen Jahre zur Folge, während die Dauer der Gesamtabschreibung der Nutzungsdauer entsprechend bleibt; im Gebrauch aber wird meist ein mit Beziehung auf den Anschaffungspreis richtiger Vomhundertsatz gedankenlos auf den Buchwert angewendet und somit, wenn auch unwissentlich, eine viel zu lange Abschreibungs- und Nutzungsdauer zugrunde gelegt. Dieser Fehler ist allzu naheliegend, denn für jede Festsetzung einer Abschreibung kommt — ausgesprochen oder unausgesprochen, bewußt oder unbewußt — als Maßstab die Nutzungsdauer in Betracht. Wenn es in den meisten Fällen nicht einmal zu dieser Überlegung kommt, sondern einfach der bei Unternehmungen verwandter Art übliche Abschreibungsatz übernommen wird, so ist auch das nur die — allerdings mittelbare — Anwendung dieses Maßstabes. Die ursprüngliche Erwägung, auf der ein Abschreibungsatz beruht, wird aber natürlicherweise im allgemeinen auf der einfachen Vorstellung $a = \frac{K}{n}$, genauer ausgedrückt $a = \frac{K - k}{n}$ beruhen, nicht aber der Form

$$a = 100 \left(1 - \sqrt[n]{\frac{k}{K}}\right)$$

entsprechen.

Somit wird zwar anfangs mehr, dann weniger, nicht aber anfangs zu viel und später genug, sondern nur das erste Mal genug, dann aber in wachsendem Maße zu wenig abgeschrieben werden. Bei richtiger Anwendung der Theorie, d. h. wenn wirklich der Satz der Buchwertabschreibung nach der Formel

$$a = 100 \left(1 - \sqrt[n]{\frac{k}{K}}\right)$$

berechnet wird, möchte der Fehler, weil er bei falscher Abschreibungsverteilung keine Überbewertung, sondern sogar Unterbewertung zur Folge hat, noch hingehen; da aber vielfach der nach der Formel

$$a = \frac{K - k}{n} \cdot \frac{100}{K}$$

berechnete, also vom Urwerte geltende Vomhundertsatz irrig auf den Buchwert übernommen wird, hat dieses Abschreibungsverfahren eine weitverbreitete Überbewertung (Unterabschreibung) zur Folge. Werden z. B. auf einen Wert von 100000 M. jährlich statt 10 v. H. des Neuwerts 10 v. H. des jeweiligen Buchwerts abgeschrieben, so beträgt die Abschreibung

nach dem	2.	Jahre	nur	9000,00	M.	statt	10000 M.
„ „	3.	„	„	8100,00	„	„	10000 „
„ „	4.	„	„	7290,00	„	„	10000 „
„ „	5.	„	„	6561,00	„	„	10000 „
„ „	6.	„	„	5904,90	„	„	10000 „
„ „	7.	„	„	5314,41	„	„	10000 „
„ „	8.	„	„	4782,96	„	„	10000 „
„ „	9.	„	„	4304,67	„	„	10000 „
„ „	10.	„	„	3874,20	„	„	10000 „

ist also um 34867,86 M. in zehn Jahren zu gering.

So geschieht es auch, daß aus Ertragsrechnungen und technischen Hilfsbüchern Erfahrungsätze, die als Vomhundertsätze des Anschaffungswerts gedacht sind, später urteilslos in die Rechnungsabschlüsse als Abschreibungsätze vom Buchwert übernommen werden; es wird z. B. die durchschnittliche Nutzdauer eines elektrischen Freileitungsnetzes mit 30 Jahren angenommen und darauf eine jährliche Abschreibung von $3^1/_3$ v. H. oder unter Berücksichtigung eines Endwerts von 10 v. H. eine solche von 3 v. H. des Neuwerts begründet. Wird dieser Satz dann, wie es oft vorkommt, in den Abschlüssen auf den Buchwert angewendet, so bedeutet das, daß die Abschreibungsdauer bis zur Erreichung des Endwerts $\backsim$ 76 statt 30 Jahre beträgt; nach 30 Jahren wären erst 59,90 v. H. statt 90 v. H., also 30,10 v. H. zu wenig abgeschrieben[1]).

Ein häufiger, deutlicher Fall mißverstandener Abschreibungsweise betrifft das Werkzeug- und das Modellkonto bei Maschinenfabriken und verwandten Unternehmen. - Hier soll oft mit einer ausgesprochen schnellen Abnutzung, entsprechend einer durchschnittlichen Erneuerungsnotwendigkeit nach 2, 3 oder 4 Jahren, gerechnet werden. Die entsprechenden Sätze von 25, $33^1/_3$ oder 50 v. H. werden aber oft nicht vom Neuwerte, sondern vom Buchwert abgesetzt; es werden also beispielsweise statt $33^1/_3$ oder 25 v. H.

im 2. Jahre nur 22,22 oder 18,75 v. H.
„ 3. „ „ 14,82 „ 14,06 v. H.

abgesetzt. Infolgedessen sind die betreffenden Gegenstände nach drei oder vier Jahren nicht voll abgeschrieben, sondern erscheinen noch mit 29,63 oder 42,19 v. H. und werden erst etwa im achten oder elften Jahre mit dem Altwerte zu Buche stehen. So einfach die Sache ist — scheinbar zu einfach, um Nachdenken hervorzurufen —, lassen sich solche häufigen Fehler nicht leugnen. Im nebenstehenden Bilde ist der Unterschied der Buchwerte eines Werkzeugkontos graphisch dargestellt, je nachdem 25 v. H. des Anschaffungswertes oder des Buchwertes abgeschrieben werden[2]).

---

[1]) Schiff, Konzessionen für Elektrizitätswerke, ETZ. 1908, Heft 1

[2]) Entnommen aus: Schiff, Prüfungen durch Sachverständige, Technik und Wirtschaft, 1908, Heft 9

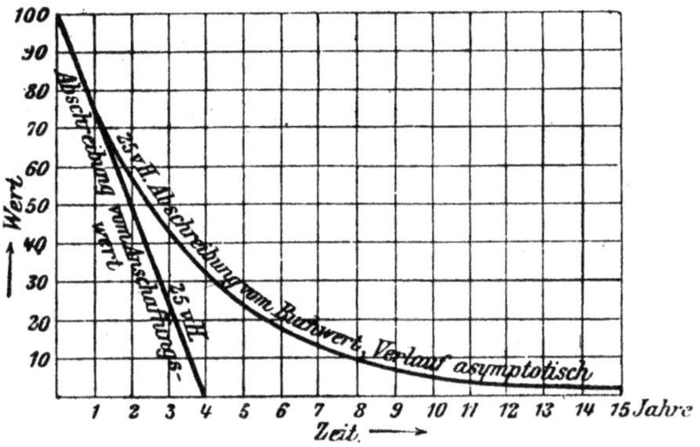

Fig. 2.

An anderer Stelle ist bereits angedeutet worden, daß an Stelle der Absetzung vom Buchwert eigentlich nicht eine absolut gleichbleibende Absetzung vom Neuwerte, sondern, umgekehrt wie beim Verfahren der Abschreibung vom Buchwert, die Abschreibung anfangs geringerer, später wachsender Beträge dem regelmäßigen Entwertungsverlaufe am besten entsprechen würde. In diesem Sinne äußert sich auch Langhans mit Bezug auf Gebäude, indem er angibt, daß manche Sachverständige behaupten, „die Entwertung von Gebäuden schreite nicht im einfachen Verhältnisse K k (gemäß seinem auf S. 45 wiedergegebenen Schaulinienbilde), sondern im quadratischen Verhältnisse von bisheriger Gebrauchszeit (z) und Lebensdauer (n), also etwa nach der Kurve *K l m n o p q r s k* voran, so daß a nicht $= K \cdot \frac{z}{n}$, sondern $a = K \cdot \left(\frac{z}{n}\right)^2$ und der jeweilige Wert $w = K\left(1 - \frac{z^2}{n^2}\right)$ sei“ [1]).

Langhans meint, diese Anschauung hätte bei gutgebauten Gebäuden wohl etwas für sich, im allgemeinen aber sei das einfache gerade Verhältnis zur Zeit maßgebend.

Wenn es nun auch richtig ist, daß die normale Entwertung im umgekehrten Sinne, wie die von uns verworfene Abschreibungsart annimmt, vor sich geht — anfangs langsam, dann

[1]) Langhans, Annalen 1908, S. 926

schneller —, so beruht doch der durch die Schaulinie *K l m n o p q r s k* und die Formel $a = K \cdot \left(\frac{z}{n}\right)^2$ dargestellte Entwertungsverlauf ebenfalls auf einer willkürlichen Annahme; freilich kommt diese der Wirklichkeit näher — näher sogar, als die Annahme des einfachen geraden Verhältnisses zur Zeit —, sie ist aber aus folgenden Gründen zur Einführung nicht geeignet: sie ist willkürlich und verleitet zu anfangs allzu geringen Abschreibungen, zudem aber ist sie rechnerisch für den Gebrauch zu umständlich.

Es lassen sich aus dem Gesagten nunmehr die folgenden Leitsätze ableiten:

1. Es ist gebrauchsunmöglich, alljährlich einen „der Abnutzung gleichkommenden Betrag", wie das Gesetz vorschreibt, zu ermitteln, und es ist daher ein möglichst zutreffendes Aushilfsmittel nötig.

2. Das gebräuchlichste Verfahren, das der Absetzung eines gleichbleibenden Satzes vom Hundert des jeweiligen Buchwertes, ist wirtschaftlich, rechtlich und kaufmännisch falsch.

3. Die zutreffendste Abschreibung zum Ausgleiche der regelmäßigen Entwertung richtet sich nach der Formel

$$a = \frac{K - k}{n},$$

wobei a die Abschreibung, K den Neuwert, k den Endwert, der vielfach vernachlassigt werden kann, und n die Nutzungsdauer in Jahren bedeutet.

4. Unregelmäßige Entwertungen sind, soweit sie für den Betrieb des Eigentümers in Betracht kommen, also subjektive Wertminderungen darstellen, durch jeweilige Sonderabschreibungen zu decken.

5. Weitergehende Absetzungen sind im rechtlichen und wirtschaftlichen Sinne keine Abschreibungen, sondern Gewinnrücklagen und sollten, da das Gesetz Abschlußklarheit fordert, als solche im Abschluss ausgedrückt werden. Sonst tappt man bezüglich der wahren Höhe der Rücklagen im Dunkeln.

Es bleibt noch zu untersuchen, was zugunsten des üblichen Abschreibungsverfahrens geltend gemacht werden kann.

Es ist rechnerisch bequem: nachdem der „übliche" Abschreibungsatz einmal festgestellt ist, wird er in jedem Jahresabschlusse gewohnheitsmäßig vom Buchwert abgesetzt, häufig ohne viel Nachdenken darüber, ob er angebracht ist. Höchstens bedarf es für die Zugänge des letzten Jahres einer Berücksichtigung ihres geringeren Alters. Daß auf diese Weise von der gleichen Sache von Jahr zu Jahr weniger abgeschrieben wird, kommt den meisten kaum zum Bewußtsein.

Die Abschreibung nach dem geraden Verhältnisse der Gebrauchszeit zur Nutzungsdauer bedarf hingegen des Festhaltens der meist in den Abschlüssen nur im ersten, im Anschaffungs-Jahr erscheinenden Anschaffungs- oder Herstellungswerte, der überlegten Feststellung der wahrscheinlichen Nutzungsdauer und des — in der Anwendung häufig zu vernachlässigenden — Endwerts. Zur Erläuterung einer solchen Abschreibung würde sich die Beigabe einer Übersichtstafel, etwa nach folgendem Muster, oder wenigstens ihre Führung für den inneren Betrieb empfehlen:

Abschlußposten: Betriebsmaschinenkonto

Buchwert am 31. 12. 05	100394 M.	
Abschreibung laut Tafel	12197 „	
		88197 M.

Zugehörige Tafel
Betriebsmaschinenanlagen

Art	Alter Jahre	Geschätzte Nutzungsdauer in Jahren [1]	Neuwert M.	Endwert M.	Abschreibungswert M.	Bisherige Abschreibungen	Buchwert am 31. 12. 05	Abschreibung in 1905	Abschlußwert in 1905
Turbinenanlage*)	10	30	15000	1200	13800	4600	10400	460	9940
Dampfmaschinenanlage	8	15	40000	2400	37600	20056	19944	2507	17437
Dynamomaschinenanlage	8	12	21000	3000	18000	12000	9000	1500	7500
Pumpenanlage . .	5	10	5200	400	4800	2400	2800	480	2320
Dampfturbinenanlage	3	10	65000	2500	62500	18750	46250	6250	40000
Schweißmaschinenanlage . . .	2	12	14000	2000	12000	2000	12000	1000	11000
zusammen			160200	11500	148700	59806	100394	12197	88197

*) Wasserbauliche Anlagen stehen auf besonderem Konto.

[1]) Die nachstehenden Ziffern haben nur den Wert von Beispielen und enthalten weder ein Urteil über die ganz von den Betriebsverhältnissen abhängende — subjektive — Nutzungsdauer, noch über die Lebensdauer.

Die buchführungstechnische Seite der Sache läßt sich also leicht lösen, und während der verworfene Weg zur Abschlußunklarheit führt, erscheint das natürliche Verfahren geeignet, zur Förderung der Abschlußklarheit beizutragen. Es darf daher gewiß nicht als Vorteil ausgelegt werden, daß die gebräuchlichere Abschreibungsart bequemer ist, also weniger Nachdenken erfordert.

Nun kann aber wohl etwas Sachliches zugunsten einer anfangs stärkeren Abschreibung — die richtige Handhabung der Absetzung vom Buchwerte vorausgesetzt — angeführt werden: daß nämlich der Verkaufswert einer Sache häufig anfangs weit schneller sinkt, als es dem Verhältnisse der abgelaufenen Gebrauchszeit zur möglichen Nutzungsdauer entspricht. Um ein Beispiel anzuführen: ein Gasmotor, der 15 Jahre lang Dienst tun kann, ist schon nach drei Jahren für kaum mehr als die Hälfte verkäuflich, erzielt jedoch nach sechs Jahren vielleicht noch 40 v. H. seines Neupreises.

Hierauf ist zweierlei zu entgegnen: einmal, daß tatsächlich die übliche Abschreibungsweise fast allgemein auch in sich unrichtig gehandhabt wird, indem Abschreibungsätze, die ursprünglich mit Bezug auf den Anschaffungswert gedacht sind, auf den jeweiligen Buchwert angewendet werden, statt daß der auf Grund der Nutzungsdauer, also nach der Formel

$$a = 100 \left(1 - \sqrt[n]{\frac{k}{K}}\right)$$

berechnete Satz vom jeweiligen Buchwert abgesetzt wird. Das mathematische Kennzeichen dieses Verfahrens — anfangs stärkere Abschreibung als bei dem anderen Verfahren — macht sich also im Gebrauche meist gar nicht geltend. In der Anwendung wird vielmehr dieses Verfahren häufig darauf hinauslaufen, daß niemals mehr als bei der anderen Abschreibungsart und auch nur im ersten Jahr ebensoviel, dann aber stets weniger abgeschrieben wird.

Was aber ferner die an einem Beispiel erläuterte stärkere Anfangsentwertung betrifft, so ist diese eine objektive, keine subjektive, und hat für den Eigentümer, der seine Maschine normal ausnutzt und behält, keine praktische Bedeutung. Auch das Gesetz unterscheidet grundsätzlich bezüglich der Abschlußbewertung von Gegenständen, die zur Veräußerung, und solchen, die nicht zur Veräußerung bestimmt sind. Es gilt hier das, was an anderer Stelle über die rechtlich und wirtschaftlich vertretbare Ansetzung von Betriebsgegenständen im Abschluß eingehend dargelegt worden ist. Daß allgemein auch tatsächlich nach diesem Grundsatze von der subjektiven Wertminderung verfahren wird, lehren die Mindererlöse, die bei Zwangsverkäufen, Konkursen und sogar bei Liquidationen gegenüber den Buchwerten fast stets in Kauf genommen werden müssen. Es wird dann eben der betriebsmäßig bedingte regelmäßige Entwertungsverlauf durch ein außerordentliches Ereignis unterbrochen; ein in geregeltem Geschäftsgange befindliches Unternehmen braucht aber hiermit nicht zu rechnen. Will es das dennoch, so ist hierfür das Mittel der echten Rücklagen angezeigt.

Überhaupt soll natürlich der unvorsichtigen Bemessung von Abschreibungen nicht das Wort geredet und die Kräftigung von Erwerbs-Unternehmungen durch Hochbemessung der Abschreibungen nicht widerraten werden; denn eine Kräftigung liegt zweifellos darin, daß die Abschreibungen so hoch bemessen werden, daß allen Möglichkeiten, auch außerordentlichen Wertminderungen, Rechnung getragen und Betriebsgewinn von der Verteilung ausgeschlossen wird. Es ist aber im Sinne dieser Untersuchungen und von Rechts wegen — im Interesse der Abschlußklarheit — auch im Gebrauch eine scharfe Trennung der Abschlußgrößen

a) regelmäßige subjektive Entwertung,

b) außerordentliche Entwertung,

c) Gewinnrücklage

nötig.

Liegen außerordentliche Entwertungen durch Liebhabereien, Bauartänderungen, Betriebsschäden oder andere ungewöhnliche Ursachen vor, so muß dem natürlich durch besondere Abschreibungen Rechnung getragen werden. Es können sogar Fälle eintreten, in denen die subjektive Wertminderung die objektive nicht nur erreicht, sondern sogar überschreitet — diese Möglichkeit wird an anderer Stelle noch zu erörtern sein —, das alles ändert aber nichts daran, daß die regelmäßige subjektive Entwertung im Gebrauch am zutreffendsten durch eine Abschreibung, die im einfachen, geraden Verhältnisse zur Gebrauchszeit steht, ausgeglichen wird. Aber auch die Verquickung mit außerordentlichen Entwertungen — deren Berücksichtigung bei den Abschreibungen häufig wohl ganz übersehen wird — kann nicht beweisen, daß die Annahme eines Entwertungsverlaufes, wie er durch einen gleichbleibenden Vomhundertsatz eines alljährlich veränderten und zwar verringerten Wertes, des jeweiligen Buchwertes, ausgedrückt wird, richtig wäre.

Zugunsten der Buchwertabschreibung wird auch noch geltend gemacht, daß in Wirklichkeit die Abschreibungen meist nicht alljährlich kleiner würden, sondern absolut gleiche Werte oder sogar Erhöhungen zeigten. Tatsächlich ist das — abgesehen von versteckten Gewinnrücklagen in Gestalt von Abschreibungen — aber doch nur deshalb der Fall, weil die betreffenden Anlagen im Laufe des Jahres Wertzugänge zu erfahren pflegen. Nun kann im Zusammenhange mit diesen folgende Anschauung aufgebaut werden: der Buchwertabschreibungsatz stelle einen Durchschnitt in der Weise dar, daß er vom älteren Bestande zu wenig, vom Jahreszugange aber zu viel abschreibe, so daß er als Durchschnitt richtig sei. An einem Beispiele sei das erläutert: Ein Maschinenkonto betrage ursprünglich 100000 M. und die richtige Abschreibung 10000 M.; da die Buchwertabschreibung in dem betreffenden Jahr aber nur 8100 M. ausmacht, werden augenscheinlich 1900 M. zu wenig abgeschrieben. Nun sind aber in dem betreffenden Jahre 30000 M. Neuanschaffungen hinzugekommen, von denen 3000 M. abgeschrieben werden, obwohl die eigentlich notwendige Abschreibung nur 1500 M. betrüge; die Minderabschreibung wäre damit also ungefähr ausgeglichen. Ein solches Verfahren, wenn es wirklich dem Brauche der Buchwertabschreibung zugrunde läge, müßte natürlich aufs nachdrücklichste bekämpft werden, denn es spottet jeder sachlichen Genauigkeit und kaufmännischen Ordnung. Eine Gewähr, daß auf solche Weise ein genügender Ausgleich eintritt, besteht ganz und gar nicht; im Gegenteil erfolgen naturgemäß die Zugänge so unregelmäßig, sind häufig viele Jahre so gering und können plötzlich so stark anschwellen, daß jede Unterlage für die Gewinnung eines richtigen Durchschnittes innerhalb eines genügend kurzen Zeitabschnittes fehlt.

Zudem aber wäre diese Anschauung, wenn sie selbst an sich vertretbar wäre, gar kein Einwand gegen das, was bei der Buchwertabschreibung grundsätzlich falsch ist: die Annahme des Entwertungsverlaufes. Denn die Tatsache, daß das Ver fahren der Buchwertabschreibung zu ungenügenden Abschreibungen verleitet, ist nur eine häufige Begleiterscheinung, keine Notwendigkeit. Wir nahmen vielmehr für den theoretischen, grundsätzlichen Vergleich an, daß im Durchschnitt richtig abgeschrieben wird, also anfangs wesentlich zu viel, später entsprechend zu wenig, was an sich der Vernunft, dem Rechte und den maßgebenden wirtschaftlichen und technischen Gesichtspunkten zuwiderläuft und falsche Rechnungsabschlüsse zur Folge hat. An dieser falschen Voraussetzung bezüglich des Entwertungsverlaufes wird natürlich dadurch nichts geändert, daß etwa an Zugängen, die durchaus gesondert zu betrachten sind, in gleich fehlerhafter Weise abgeschrieben wird. Es kann dann wohl für einen bestimmten Zeitpunkt der Fall eintreten, daß die Minderabschreibung am alten Bestande (gegenüber der absolut gleichbleibenden Abschreibung bei dem richtigen Verfahren) durch die anfängliche Mehrabschreibung auf neuen Zugang auf die Höhe der richtigen Durchschnittsabschreibung ausgeglichen wird. Aber abgesehen davon, daß dies nur Zufall wäre, wäre es eine logische Täuschung, wenn man hieraus auf ein wirklich gleichwertiges Ergebnis schlösse. Denn die anfängliche Mehrabschreibung auf den Zugang kann immer nur als Ausgleich für die aus dem Verfahren der Buchwertabschreibung notwendig folgende spätere Minderabschreibung auf denselben Gegenstand herangezogen werden, steht also zum Ausgleich einer anderen Minderabschreibung gar nicht zur Verfügung, wenn nicht die Abschreibung an dem neuen Gegenstande nicht nur im Entwertungsverlaufe, sondern auch ihrem absoluten Durchschnittswerte nach falsch werden soll. Einen Ausgleich zur Erreichung eines richtigen Durchschnittswertes braucht auch die Buchwertabschreibung, wenn sie wenigstens in sich richtig nach der Formel

$$a = 100\left(1 - \sqrt[n]{\frac{k}{K}}\right)$$

berechnet ist, gar nicht. Ist sie das nicht und ist der Vomhundersatz falsch und zwar zu gering angenommen, so tritt eben ein weiterer Fehler hinzu, dessen zufälliger Ausgleich an dem grundsätzlichen Fehler der Buchwertabschreibung, dem falsch angenommenen Entwertungsverlaufe, nichts ändern würde

Für einen Fall läßt sich die Richtigkeit der Buchwertabschreibung behaupten: wenn man annimmt, daß eine Anlage am Ende eines jeden Jahres in demselben Umfang erneuert wird, wie sie sich entwertet hat, und daß sie durch diese Erneuerung dauernd vollwertig — nicht nur gebrauchsfähig — erhalten wird. Kostet z. B. eine Anlage 1000 und beträgt die jährliche Entwertung 100, der Zugang durch Erneuerung — womit nicht Instandhaltung, sondern wirklicher Ersatz gemeint ist — ebenfalls 100, so genügt eine jährliche Abschreibung von 10 v. H. des Buchwertes, aber nur wofern die Anlage wirklich 1000 wert bleibt. Der entsprechende Abschluß lautete also: Anlage 1000; Abschreibung 100, Zugang (Erneuerung) 100, Buchwert 1000. Dieser Fall kommt aber in Wirklichkeit kaum in Betracht: einmal vollziehen sich die Erneuerungen im allgemeinen nicht in dieser den Wertabgang innerhalb eines Rechnungszeitraumes deckenden Form, ferner aber pflegen die Anlagen trotz der Erneuerung nicht vollwertig zu bleiben. Die Erneuerungen vollziehen sich vielmehr zumeist innerhalb längerer und unregelmäßiger Zeiträume, und die Erhaltung der Vollwertigkeit, selbst wenn man nicht die einzelnen Gegenstände, sondern den auf einem Konto vereinigten Gesamtwert betrachtet, ist zumeist unmöglich. Es bleibt daher nichts übrig, als ursprüngliche Anlagen und Zugänge, ganz gleich ob diese Ersatz oder Vermehrungen oder Verbesserungen darstellen, in bezug auf die Notwendigkeit der Abschreibung als selbständige Größen und die Zugänge ebenfalls als der Entwertung unterworfen zu behandeln. Nur ist hierbei die subjektive Nutzungsdauer, wie sie etwa durch den Zusammenhang einer Zusatzanlage mit einer Hauptanlage gegeben ist, nicht außer Acht zu lassen: wenn ein Wertzuwachs auf einer an sich nicht selbständigen Anlage, sondern einer Erneuerung oder Vergrößerung oder Verbesserung beruht, die mit einer vorhandenen Anlage ein organisches Ganzes bildet, so daß der Zuwachs allein ohne Gebrauchswert ist, ist für seine Abschreibung nicht die eigene Lebensdauer, sondern die Nutzungsdauer der Hauptanlage maßgebend. Um ein besonders deutliches Beispiel hierfür zu geben, sei der Fall gedacht, daß eine Fabrik, wie es öfter vorkommt, eine in Vollausführung als Verbundmaschine entworfene Betriebsdampfmaschine zuerst nur als Einzylindermaschine aufstellen läßt, da für die ersten Betriebsjahre die Leistung des einen Zylinders genügt. Wird dann nach 5 Jahren die Hochdruckseite hinzugebaut, so darf dennoch die Abschreibungsdauer für diesen Zuwachs nicht um 5 Jahre länger bemessen werden, als für den älteren Teil der Maschine, da er für den Gebrauch mit diesem zugleich wertlos werden wird. Bei der meist üblichen, mechanischen Abschreibungsweise wird wahrscheinlich der Fehler gemacht werden, daß ohne Rücksicht auf den Sonderfall auch vom Zuwachs nur der gleiche Vomhundertsatz wie von der Hauptlage abgeschrieben wird. Der Hochdruckzylinder wird dann noch einer längeren Abschreibung bedürfen, wenn die Niederdruckseite schon abgeschrieben ist.

Hingegen wäre z. B. eine neue Rohrleitungsanlage hinsichtlich der Abschreibung als selbständiger Wert zu behandeln, wofern sie auch einer erneuerten Betriebsmaschinenanlage noch zu dienen vermag.

Wenn Blum[1]) als Beispiel, daß in gewissen Fällen die Buchwertabschreibung zweckmäßig sei, anführt, daß eine Brauerei durch diese anfänglich starke Abschreibung in die Lage käme, Pferde oder Fässer, die für andere Betriebe noch einen verhältnismäßig hohen Nutzungswert hätten, zu einem günstigen Preise — günstig doch nur gegenüber dem stark heruntergeschriebenen Buchwerte — abzugeben, so ist es ein Trugschluß, diesen Erfolg dem Abschreibungsverfahren zuzuschreiben. Ursache und Wirkung sind hier verwechselt: nicht, weil in gewisser Weise abgeschrieben ist, kann günstig verwertet werden, sondern weil die — ausschließlich maßgebende — subjektive Nutzungsdauer eine kurze ist, muß zwecks rechtzeitiger Erreichung des Endwerts — hier des nach wenigen Jahren zu erzielenden Verkaufspreises — stark abgeschrieben werden. Daraus würde doch aber nur hervorgehen, daß, auf welche Weise immer abgeschrieben wird, in einer bestimmten Anzahl von Jahren ein bestimmtes Endergebnis der Abschreibungen zu erreichen ist. Nicht aber kann dadurch die grundsätzliche Richtigkeit des angenommenen Entwertungsverlaufs — und dieser allein ist das unterscheidende Kennzeichen der Verfahren — bewiesen werden. Sogar wenn es zutreffen sollte, daß die wirklichen Verhältnisse hier mit dem Ergebnisse des

[1]) Blum, Annalen 1903, SS. 47/48

Verfahrens der Absetzung vom jeweiligen Buchwerte nicht nur im Endpunkte, sondern auch in den Stufen des Verlaufes übereinstimmen, so würde es sich dabei nur um einen besonderen Zufall ohne allgemeine Beweiskraft handeln. Andererseits ist es selbstverständlich, daß solchen besonderen Umständen Rechnung zu tragen wäre: ein ausgesprochen unregelmäßiger Entwertungsverlauf bedingt natürlich eine ungewöhnliche Abschreibungsweise, angepaßt den wirklichen Verhältnissen.

Gerade der erwähnte Fall, der sich auf lebende Besitzstücke bezieht, ist übrigens geeignet, das Gegenteil des Grundsatzes einer anfangs stärkeren, dann geringeren Abnutzung, wie sie dem Verfahren der Buchwertabschreibung entsprechen würde, zu beweisen. Denn es ist im allgemeinen nicht richtig, daß ein Arbeitspferd etwa von seinem fünften bis achten Lebensjahre eine größere Entwertung erleidet als vom achten bis elften. Das Gegenteil ist der Fall, natürlich ungefähr gleiche Beanspruchung vorausgesetzt. Anders läge es freilich mit einem Rennpferde, das anderen Ausnutzungsmöglichkeiten und Ausnutzungsverhältnissen unterliegt. In der Beanspruchung liegt der Schlüssel zur Erklärung des gedachten Sonderfalles: bei der Brauerei Höchstbeanspruchung des Pferdes, bei dem leichteren Betriebe, der das für die Brauerei nicht mehr geeignete Pferd übernimmt, erheblich geringere Beanspruchung. Die Folge: bei der Brauerei großes, bei dem anderen Betriebe geringeres Abschreibungserfordernis, in jedem Falle übereinstimmend mit der — wohlverstanden subjektiven — Nutzungsdauer und dem jeweiligen Anschaffungspreis abzüglich des keiner Abschreibung bedürfenden Endwerts.

Es bleibt schließlich zugunsten des Verfahrens der Buchwertabschreibung nichts übrig als der Brauch. Und durch diesen allein ist noch nichts Falsches richtig geworden.

Um die eben behandelten Fragen nicht zu verwickeln, ist die Zinsen- und Zinseszinsfrage besonders behandelt.

5. Die Bedeutung der Zinsen und Zinseszinsen bei den Abschreibungen

Zu den Unklarheiten, unter denen die Behandlung der Wertminderungen von Betriebsanlagen leidet, gehört die Frage der Berücksichtigung von Zinsen und Zinseszinsen bei Abschreibungen oder buchmäßigen Ansammlungen, wie sie durch Abschreibungs-, Erneuerungs- oder Tilgungskonten ausgedrückt werden.

Ein auch von Rehm geteilter Irrtum sei im voraus widerlegt: es handelt sich um die Meinung, daß bei Abschreibungen, also Zahlengrößen mit negativem Vorzeichen, oder gewissermaßen nur eingebildeten — nur buchmäßigen — Passivkonten, wie es die bezeichneten sind, von Zinsen überhaupt keine Rede sein kann. Wer aber das Wesen der doppelten Buchführung kennt, weiß, daß sowohl die Abschreibungen wie die gedachten Passivkonten das Mittel sind, wirkliche Aktiva, die sonst als Gewinn erscheinen würden, zu binden. Diese vom Ertrage zurückgehaltenen Werte sind aber selbstverständlich ertragsfähig, sei es, daß sie im Geschäftsbetriebe mitarbeiten, sei es, daß sie getrennt verwaltet werden; um die Zinsen dieser Aktivwerte aber handelt es sich, wenn man von Zinsen der Abschreibungen oder sinnähnlichen Konten spricht. Werden diese Aktiva, wie es meist der Fall ist, nicht getrennt verwaltet, so unterliegen ihre Erträge den Schwankungen des allgemeinen Geschäftsertrages; trotzdem ist es nicht nur für den Gebrauch nötig, sondern auch sachlich berechtigt, einen festen, mittleren Zinsfuß als Ertrag anzunehmen, denn die Schwankungen um das Mittel sind nicht eine Folge der Rücklagen an sich, sondern ihrer Verwendung im Geschäftsbetriebe.

Die meisten Rechnungsabschlüsse berücksichtigen bei den Abschreibungen keine Zinsen; manche Unternehmungen, besonders solche, deren Verwaltung behördlicher Gebahrung nahekommt, also zumeist Eisenbahn und andere Betriebsgesellschaften, berücksichtigen auch die Zinsen und Zinseszinsen der Abschreibungen und gewisser echter oder unechter Rücklagen. Es gibt hierbei verschiedene mögliche und vorkommende Berechnungsweisen.

Welche Bedeutung hat es nun, ob bei der Bildung von Abschreibungen oder in Hinsicht auf die hier behandelte Frage gleichwertigen Konten Zinsen und Zinseszinsen berücksichtigt werden oder nicht? (In der Folge wird zur Vermeidung von Längen im allgemeinen nur von Abschreibungen die Rede sein.) Ein Beispiel diene zur Erläuterung:

Ein Anlagenwert von 100000 M. sei nach 20 Jahren erschöpft. Nach der einfachsten Überlegung wären jährlich 5000 M. abzuschreiben, oder, was dasselbe ist, 5000 M. Ersatzvermögen zu binden. Bei Berücksichtigung der Verzinsung, also Anwendung der Rentenrechnung, gilt die Formel

$$a = \frac{(K - k)\,e}{(1 + e)^n - 1},$$

in der a = Abschreibung, K = Anfangswert (Anschaffungs- oder Herstellungskosten), k = Endwert (Rest- oder Altwert), also K — k = abzuschreibender Gesamtbetrag, e = Zinsfuß (z. B. $= \frac{5}{100}$), n = Zahl der Nutzungsjahre (nicht Lebensdauer) ist[1]). Somit wäre im Beispiele die jährliche Kapitalrate der Abschreibung 3024,26 M., wozu jedesmal 5 v. H. Zinsen des bis dahin abgeschriebenen Gesamtbetrages treten würden.

Die Gesamtaufwendung während der ganzen Abschreibungszeit ist natürlich in beiden Fällen gleich, der Unterschied besteht nur in der Verteilung der Gesamtabschreibung über die Abschreibungszeit. In dem einen Falle wird das Ersatzvermögen zudem unter dem Titel „Kapital", in dem anderen werden nur jährlich 3024,26 M. unter dem Titel Kapital, der Rest wird als Zinsen und Zinseszinsen aufgebracht, was sachlich bedeutungslos ist. In Bezug auf die Verteilung der Abschreibung scheint es auf den ersten Blick, als ob bei der einfachen Abschreibung $a = \frac{K - k}{n}$, also im Beispiel bei Abschreibung von 5000 M., jedes Jahr gleichmäßig belastet würde. Bei Anwendung der Rentenrechnung würden im

---

[1]) Vgl. Schiff, Konzessionen für Elektrizitätswerke, ETZ 1908, Heft 1, ferner Schiff, Prüfungen durch Sachverständige, Technik und Wirtschaft, 1908, Heft 9.

1. Jahre	3024,26 M.,			
2. „	3024,26 „	+ 151,21 M.	Zinsen, also insges.	3175,47 M.
3. „	3024,26 „	+ 309,98 „	„ „ „	3334,24 „
4. „	3024,26 „	+ 476,69 „	„ „ „	3500,95 „

u. s. f. abgeschrieben, scheinbar also die verschiedenen Jahre verschieden belastet werden. In Wirklichkeit ist es aber umgekehrt, da die durch die Abschreibungen gebundenen Aktiva, wie dargelegt worden ist, Zinsen tragen. Tatsächlich sind also im ersten Falle nicht jedes Jahr gleichmäßig 5000 M., sondern bei Annahme von 5 v. H. Zinsen

im 1. Jahre	5000 M.	
„ 2. „	4750 „	
„ 3. „	4500 „	
„ 4. „	4250 „	u. s. f.

aus dem Ertrage des betreffenden Jahres entnommen worden. Bei Anwendung der Rentenrechnung ist hingegen jedes Jahr gleichmäßig belastet, denn die Zinsen und Zinseszinsen entstammen dem aus den Erträgen früherer Jahre gebildeten Ersatzvermögen.

Wird die Abschreibung $a = \frac{K - k}{n}$, wie folgt, ausgedrückt:

1. Jahr	. . . .	5000 M.
2. „	4750 M. + 5 v. H. d. bish. Abschreib. = 250 M.	5000 „
3. „	4500 „ + 5 „ „ „ „ „ = 500 „	5000 „ ,

so wird damit nur die wirkliche, ungleiche Belastung der einzelnen Jahre ins rechte Licht gerückt, eine Änderung in der Sache aber natürlich nicht erreicht. Wird aber zu dem nach der einfachen Formel $a = \frac{K - k}{n}$ berechneten Betrage von 5000 M. noch jedesmal der Zinsbetrag der früheren Abschreibungen zugefügt, so wird mehr als notwendig oder der notwendige Betrag in weniger als n Jahren abgeschrieben; es wird also eine echte Rücklage geschaffen.

Bei der Unklarheit, Willkürlichkeit und Unwissenschaftlichkeit unserer kaufmännischen Abschlußverfahren — besonders im Punkte der Bewertung und Abschreibung — ist zumeist mit ungenauen Abschreibungsweisen zu rechnen; das Richtige — die Anwendung der Rentenrechnung — findet man zwar allgemein in den von Ingenieuren aufgestellten Ertragsberechnungen technischer Entwürfe, in Rechnungsabschlüssen aber fast niemals. In diesen überwiegt das an anderer Stelle gekennzeichnete Verfahren der Abschreibung vom Buchwerte, dessen Irrigkeit durch die Nichtberücksichtigung von Zinsen noch erhöht wird. Denn, was beim Vergleiche dieses Verfahrens mit dem Verfahren der Abschreibung vom Anschaffungswert in Bezug auf größere oder geringere Übereinstimmung mit dem wirklichen Entwertungsverlaufe gesagt worden ist, wird natur gemäß auch von der Zinsenfrage beeinflußt. Will man die — eigentlich ständig wachsende — Entwertung der Einfachheit wegen gleichmäßig auf die Nutzungsjahre verteilen, so entspricht dem das Verfahren eines an sich gleichbleibenden Abschreibungs betrages ohne Berücksichtigung der Zinsen, wie wir gesehen haben, nicht völlig, sondern ist Rentenrechnung anzuwenden. Beim Verfahren der Abschreibung vom Buchwerte aber nach der Formel

$$a = 100\left(1 - \sqrt[n]{\frac{k}{K}}\right)$$

ist der Verteilungsfehler noch größer, als es bei der Außerachtlassung der Zinsen den Anschein hatte. Wenn man, wie folgt, abschreibt

1. Jahr,	Anschaffungswert . .	100000 M.
	Abschreibung 10 v. H.	10000 „
	Buchwert	90000 M.
2. Jahr,	Abschreibung 10 v. H.	9000 „
	Buchwert . . . , .	81000 M.
3. Jahr,	Abschreibung 10 v. H.	8100 „
	Buchwert	72900 M.

u. s. f., so entfallen in Wirklichkeit bei Annahme von 5 v. H. Zinsen entgegen der Absicht

auf das 2. Jahr nicht 9000 M., sondern nur 8500 M.,
„ „ 3. „ „ 8100 „ „ „ 7150 „ u. s. f.

Die Verteilung widerspricht also in noch höherem Grade dem natürlichen Entwertungsverlaufe und entspricht, genau genommen, nicht einmal der beabsichtigten Aufwendung eines gleichmäßigen Vonhundertsatzes des Buchwertes. Wollte man in das Verfahren der Abschreibung vom Buchwert die Berücksichtigung der Zinseszinsen einführen, so ergäbe das eine verwickelte Formel, auf die einzugehen keinen Wert hat, da schon die Anwendung der verhältnismäßig einfachen Formel

$$a = 100\left(1 - \sqrt[n]{\frac{k}{K}}\right)$$

unter heutigen Umständen keine Aussicht auf Berücksichtigung hat und überdies die Einführung der Abschreibung vom Anschaffungswert anzustreben ist.

Wie unklar selbst an maßgebenden Stellen und bei wichtigen Fragen die auf die Zinsen der Abschreibungen bezüglichen Vorstellungen sind, geht daraus hervor, daß „die preußische Rechtsprechung zuerst (92/93) bei den Abschreibungen die Zinseszinsrechnung für die Rücklagen zum Abnutzungsfonds in Anwendung gebracht hatte“ [1]). Wenn jemand also von einem in 10 Jahren abzuschreibendenden Werte von 100000 M. 10000 M. abgesetzt hatte, wäre — bei Zugrundelegung von 5 v. H. — nur ein Jahresabzug von ∾ 7950 M. als steuerfreier Abzug vom Einkommen zugelassen worden. Hier liegt die irrige Anschauung zugrunde, als ob die Zinsen und Zinseszinsen nicht ebenso wie die Stammrate eine Aufwendung des Steuerpflichtigen wären. Die Steuerbehörde muß also entweder den alljährlichen Abzug von 10000 M. zulassen oder auch die Zinseszinsen abzuziehen gestatten. Für den Steuerfiskus ergibt das erste Verfahren gleichmäßigere Einnahmen.

Das Verfahren der Abschreibung hat aber nicht immer nur einen Unterschied inbezug auf die Gleichmäßigkeit oder Verschiedenheit der Belastung der einzelnen Jahreserträge zur Folge. Vielmehr kann der Unterschied in der Verteilung der Abschreibung auf die einzelnen Jahre auch sachliche Bedeutung gewinnen.

Grundsätzlich gilt das zunächst für die Vorausberechnung der Wirtschaftlichkeit. Berücksichtigt man beim Rechnungsabschlusse die Zinsen und Zinseszinsen der Abschreibungen nicht, so hat das insofern keine sachliche Bedeutung, als dieser Ertrag ohne weiteres im Gesamtertrage erscheint; er ist — und darauf kommt es an — vorhanden (daß er durch andere Ver-

---

[1]) Blum, Annalen 1903. Diese Rechtsprechung wurde erst 1896 vom Preußischen Oberverwaltungsgericht verworfen.

luste aufgezehrt sein kann, bedeutet für die grundsätzliche Anschauung nichts). Wird jedoch eine Berechnung der Wirtschaftlichkeit wie folgt gemacht:

Kosten		
Betriebsstoffe	10000 M.	
Verwaltung und Bedienung der Anlage	12000 „	
Steuern, Versicherungen und Verschiedenes	3000 „	
Abschreibungen $\frac{K - k}{n} = \frac{400000 \text{ M.}}{20}$	20000 „	45000 M.
Einnahmen		60000 „
	Überschuß	15000 M.,

so ist das falsch; das Ergebnis ist um den Zinsertrag aus den jeweils durch die Abschreibungen gebundenen Werten zu niedrig eingesetzt. Mindestens müßte, damit an die Stelle eines falschen Durchschnittsergebnisses nur eine ungleichmäßige Verteilung, wie beim Rechnungsabschlusse, träte, für jedes Jahr eine andere Berechnung aufgestellt werden; in dieser würde der Überschuß des zweiten Jahres bei 5 v. H. Verzinsung der Abschreibungen um 1000 M., der des dritten Jahres um 2000 M. u. s. w. höher anzusetzen sein. Da das nicht üblich ist und mindestens die Verteilung der Abschreibungen unrichtig bleiben würde, ist es zweckmäßig, die Rentenrechnung anzuwenden; die Abschreibung in unserem Beispiele würde also bei 5 v. H. Zinsen mit $\sim$ 12100 M. einzusetzen sein, wodurch sich der Überschuß auf 22900 M. erhöhen würde. Wie schon erwähnt wurde, wird dieses Verfahren auch von jedem ordentlichen Techniker angewendet; es gehen aber trotzdem tausende auch in diesem Punkte unrichtige Ertragsberechnungen in die Welt.

Von größter sachlicher Wichtigkeit ist die Beachtung der Verzinsung von Abschreibungen bei Verkäufen innerhalb der Nutzungszeit auf Grund des Buchwertes, wie das häufig in Zustimmungsverträgen vorgesehen ist. Wenn man zum Beispiel annimmt, eine Gemeinde hätte das Recht, ein Werk im Abschreibungswerte von 400000 M. am Ende eines jeden Betriebsjahres auf Grund des Buchwertes zu übernehmen, so ergäben sich je nach der Anwendung oder Nichtanwendung der Rentenrechnung unter Voraussetzung einer zwanzigjährigen Nutzungsdauer folgende Verschiedenheiten:

	Buchwert mit Zinseszinsen	Buchwert ohne Zinseszinsen
1. Jahr	387902,96 M.	380000 M.
2. „	375201,07 „	360000 „
3. „	361864,08 „	340000 „
4. „	347680,24 „	320000 „
5. „	333156,21 „	300000 „
6. „	317716,98 „	280000 „
7. „	301505,79 „	260000 „
8. „	284484,04 „	240000 „
9. „	266611,20 „	220000 „
10. „	247844,72 „	200000 „
11. „	228139,92 „	180000 „
12. „	207449,88 „	160000 „
13. „	185725,33 „	140000 „
14. „	162914,56 „	120000 „
15. „	138963,25 „	100000 „
16. „	113814,37 „	80000 „
17. „	87408,05 „	60000 „
18. „	59681,41 „	40000 „
19. „	30568,44 „	20000 „
20. „	∾ 0,— „	0 „

Man sieht hieraus, daß der Unternehmer bei Bildung des Buchwertes ohne Rücksicht auf die Verzinsung großen Schaden leiden würde; Gleiches gilt natürlich bei Anwendung des — wegen des Widerspruchs mit dem Entwertungsverlaufe von uns verworfenen — Verfahrens der Buchwertabschreibung, wenn es ohne Zinsen, also nach der Formel

$$a = 100\left(1 - \sqrt[n]{\frac{k}{K}}\right)$$

angewendet wird. In allen Fällen, wo andere aus den Buchwerten Rechte ableiten können, ist daher die genaue Festsetzung der Abschreibungsformel nötig; ebenso sind in Fällen, wo die Hinterlegung oder sonstige — auch nur buchmäßige — Abtrennung von Abschreibungs-, Erneuerungs-, Tilgungs- oder

Rücklagebeträgen vereinbart ist, unzweideutige Festsetzungen über die Verwendung nicht nur des Kapitals, sondern auch der Zinsen und Zinseszinsen und über das Eigentum an beiden, wenn jene Rechte geltend gemacht werden, erforderlich. In vielen Fällen entstehen aus dem Mangel solcher Vereinbarungen Streitigkeiten. Bekannt sind die langen daraus hervorgegangenen Rechtsstreite zwischen Gemeinden und konzessionierten Unternehmern; aber auch in anderen Fällen, z. B. beim Übergang einer Gesellschaft auf einen der Beteiligten, können solche Streitigkeiten leicht entstehen.

Da die meisten Logarithmentafeln nur fünfstellige Logarithmen enthalten, bei den hier behandelten Rechnungen aber oft größere Genauigkeit erwünscht ist, seien nachstehend die siebenstelligen Logarithmen der gebräuchlichsten Zinsfaktoren wiedergegeben:

log 1,02	0,0086002	log 1,04	0,0170333
log 1,0225	0,0096633	log 1,0425	0,0180761
log 1,025	0,0107239	log 1,045	0,0191163
log 1,0275	0,0117818	log 1,0475	0,0201540
log 1,03	0,0128372	log 1,05	0,0211893
log 1,0325	0,0138901	log 1,0525	0,0222221
log 1,0333 . .	0,0142404	log 1,055	0,0232525
log 1,035	0,0149403	log 1,0575	0,0242804
log 1,03666 . .	0,0156391	log 1,06	0,0253059
log 1,0375	0,0159881		

6. Der Unterschied und die Beziehungen zwischen Tilgung (Amortisation) und Abschreibung

Für den Ausdruck „Abschreibung“ wird auch häufig das Wort „Amortisation“ gebraucht. Wenn auch in vielen Fällen klar ist, daß eigentlich Abschreibung wegen Wertminderung — Wertberichtigung — gemeint ist, sollte eine solche Verwechselung der Ausdrücke vermieden werden. Denn Wortunklarheit führt zur Begriffsverwirrung, an der es ohnedies auf dem Gebiete der einschlägigen Fragen nicht mangelt.

Die Abschreibung ist das abschlußtechnische Mittel, um die Entwertung von Betriebsgegenständen auszudrücken. Amortisation bedeutet Vernichtung von Urkunden, von Mitgliedsrechten[1]) und Tilgung mit Bezug auf (Gesellschafts-)Kapital oder Schulden. Im neuen Handelsgesetzbuch und im Gesetze betreffend die Gesellschaften mit beschränkter Haftung ist in erster Reihe statt Amortisation der Ausdruck Einziehung angewendet.

Ursprünglich wurde unter Amortisation (amortir, ertöten, vernichten) die Zuwendung weltlicher Güter an die Kirche verstanden. Diese wurden durch die Überweisung an die „Tote Hand" dem öffentlichen Wirtschaftsleben, den Abgaben entzogen, ein Vorgang, der später eine Gegenbewegung — die Säkularisation — hervorrief, durch die viele derartige Besitztümer der Kirche wieder entzogen wurden.

In seinen anderen Bedeutungen ist der Begriff Amortisation neuzeitlich. Die eine betrifft die tatsächliche Vernichtung oder Wertlosmachung von Besitz- oder Schuldurkunden aller Art, wie Wertpapieren, Wechseln, Anweisungen, Frachtscheinen, Konnossementen u. s. w., um dem Mißbrauche durch Erhebung unrechtmäßiger Ansprüche auf Grund ihres Besitzes vorzubeugen; über die Wertlosmachung oder Kraftloserklärung von Aktien, Wechseln und anderen Urkunden bestehen gesetzliche Vorschriften.

Ferner bedeutet Amortisation, wie eingangs erwähnt wurde, auch die Vernichtung von Rechten, ohne daß hiermit die Vernichtung von Urkunden verbunden zu sein braucht; auch hierüber, insbesondere über die Einziehung von Aktien und Anteilen, bestehen gesetzliche Bestimmungen. Hiermit steht im Zusammenhange die Amortisation im Sinne allmählicher, planmäßiger Tilgung von Kapitalvermögen oder Schulden.

Diese Tilgung geschieht entweder durch Teilrückzahlungen oder durch Ansammlungen zwecks künftiger Rückzahlung. Die Ansammlung kann eine tatsächliche sein, indem der nach dem Tilgungsplan auf das Jahr entfallende Anteil in Absonderung von dem sonstigen Vermögen verwaltet wird und der sich daraus bildende Tilgungschatz der ausschließlichen Verwendung zur Rückzahlung vorbehalten bleibt. Ein solcher angelegter Tilgungschatz (Amortisationsfonds) ist ein wirklicher „Fonds"

---

[1]) Rehm, S. 421

und erscheint als solcher in dem Abschluß als Vermögensposten. Er ist abschlußmäßig durch ein ihm entsprechendes Tilgungskonto auf der Schuldenseite des Abschlusses zu binden.

Eine andere Möglichkeit besteht darin, daß nicht ein wirklicher Schatz angelegt, sondern nur das erwähnte Schuldkonto — das Tilgungskonto — geschaffen und alljährlich um den Betrag des planmäßig entfallenden Tilgungsanteils erhöht wird. Dadurch werden Vermögensbestandteile in gleicher Höhe gebunden, so daß auch in diesem Fall einer Verteilung von Vermögen als eingebildetem Gewinne vorgebeugt wird. Da die Abschreibung von Betriebsanlagen ebenfalls die abschlußmäßige Wirkung hat, zur Mitdeckung des Grundkapitals, der Rücklagen und der Schuldposten erforderliche Vermögenswerte gebunden zu erhalten, liegt hier eine Wesensverwandtschaft der Amortisation und der Abschreibung vor. Bei der tatsächlichen Amortisation — der mit Rückzahlung verbundenen — ist aber im Gegensatze zur Abschreibung möglich und sogar naheliegend, daß die Tilgung nicht aus Reinertrag, sondern aus Vermögen bewirkt wird. Das geschähe ohne weiteres, wenn das Grundkapital (oder ebenso eine zu tilgende Schuld) um den Betrag der Rückzahlung gekürzt und kein Konto (Rücklagekonto, Reservefonds) getilgter Aktien (oder zurückgezahlter Obligationen oder Entsprechendes) als gedachter Schuldposten in den Abschluß aufgenommen würde. Wirtschaftlich wäre das auch durchaus zulässig, weil eine wirkliche Verminderung des Passivums „Kapitalkonto" oder der Schuld bei Rückzahlung eintritt. Was wirtschaftlich zulässig ist, braucht aber nicht ohne weiteres rechtlich erlaubt zu sein; und das gilt in der fraglichen Hinsicht von der Aktienkapitaltilgung.

Freilich kennt das Gesetz auch die Maßnahme der Grundkapitalherabsetzung, bei der die Tilgung aus Vermögen zweifellos zulässig ist, weil eben die Rückzahlung des Vermögens oder eine in der Wirkung auf die Mitgliedsrechte gleichwertige Maßnahme beabsichtigt ist. Hierüber bestimmen §§ 288, 289 HGB. folgendes:

> § 288. Eine Herabsetzung des Grundkapitals kann nur mit einer Mehrheit beschlossen werden, die mindestens drei Vierteile des bei der Beschlußfassung vertretenen Grundkapitals umfaßt. Der Gesellschaftsvertrag kann noch andere Erfordernisse aufstellen.

Durch den Beschluß muß zugleich festgesetzt werden, zu welchem Zwecke die Herabsetzung stattfindet, insbesondere, ob sie zur teilweisen Rückzahlung des Grundkapitals an die Aktionäre erfolgt, und in welcher Weise die Maßregel auszuführen ist.

Sind mehrere Gattungen von Aktien mit verschiedener Berechtigung vorhanden, so bedarf es neben dem Beschlusse der Generalversammlung eines in gesonderter Abstimmung gefaßten Beschlusses der Aktionäre jeder Gattung; auf diese Beschlußfassung finden die Vorschriften des Abs. 1 und des § 275 Abs. 3, Satz 2, Anwendung.

§ 289. Der Beschluß über die Herabsetzung des Grundkapitals ist von sämtlichen Mitgliedern des Vorstandes zur Eintragung in das Handelsregister anzumelden.

Der Vorstand hat unter Hinweis auf die beschlossene Herabsetzung des Grundkapitals nach der Eintragung des Beschlusses die Gläubiger der Gesellschaft aufzufordern, ihre Ansprüche anzumelden. Die Aufforderung ist dreimal in den Gesellschaftsblättern zu veröffentlichen. Bekannte Gläubiger sind durch besondere Mitteilung zur Anmeldung aufzufordern.

Den Gläubigern, deren Forderungen vor der letzten öffentlichen Aufforderung begründet sind, ist Befriedigung zu gewähren oder Sicherheit zu leisten, sofern sie sich zu diesem Zwecke melden.

Zahlungen an die Aktionäre dürfen auf Grund der Herabsetzung des Grundkapitals erst erfolgen, nachdem seit dem Tage, an welchem die im Abs. 2 vorgeschriebene öffentliche Aufforderung zum dritten Male stattgefunden hat, ein Jahr verstrichen ist und nachdem die Gläubiger, die sich gemeldet haben, befriedigt oder sichergestellt worden sind. Eine durch die Herabsetzung bezweckte Befreiung der Aktionäre von der Verpflichtung zur Leistung von Einlagen auf die Aktien tritt nicht vor dem bezeichneten Zeitpunkt in Wirksamkeit.

Man sieht, mit welchen Vorsichtsmaßregeln zur Vermeidung von Schädigungen der Beteiligten das Gesetz die Tilgung aus Vermögen umgeben hat. Die Grundkapitalherabsetzung ist demgemäß auch eine geschäftlich außerordentliche Maßnahme;

handelt es sich um Kapitalrückzahlung im geordneten Geschäftsgange, so kommt hierfür zumeist § 227 HGB. in Betracht, der wie folgt lautet[1]):

> Die Einziehung (Amortisation) von Aktien kann nur erfolgen, wenn sie im Gesellschaftsvertrag angeordnet oder gestattet ist. Die Bestimmung muß in dem ursprünglichen Gesellschaftsvertrag oder durch eine vor der Zeichnung der Aktien bewirkte Änderung des Gesellschaftsvertrags getroffen sein, es sei denn, daß die Einziehung nicht mittels Auslosung, Kündigung oder in ähnlicher Weise, sondern mittels Ankaufs der Aktien geschehen soll.
>
> Jede Art der Einziehung darf, sofern sie nicht nach den für die Herabsetzung des Grundkapitals maßgebenden Vorschriften stattfindet, nur aus dem nach der jährlichen Bilanz verfügbaren Gewinn erfolgen.

Die beiden Denkschriften zum Handelsgesetzbuch und mit ihr viele juristische Ausleger (Simon, Ring, Esser, Knappe, Maatz)[2]) sind nun der Ansicht, daß die Bestimmung des § 227, 2 HGB. zur „selbstverständlichen" Folge hat, daß „entweder das unveränderte Grundkapital oder neben dem verminderten Grundkapital ein dem Nennbetrage der eingezogenen Aktien entsprechender Posten (sog. Amortisationsfonds) in die Passiva der Bilanz einzustellen" ist[3]). Nach dieser Bestimmung darf allerdings jede Einziehung von Aktien, „sofern sie nicht nach den für die Herabsetzung des Grundkapitals maßgebenden Vorschriften stattfindet, nur aus dem nach der jährlichen Bilanz verfügbaren Gewinn erfolgen". Das sieht auf den ersten Blick so aus — und ist nach den Denkschriften auch so gemeint —, als ob Tilgung aus Vermögen verhindert werden soll.

Abschlußmäßiger Gewinn wird aber verfügbar, wenn eine geschehene Rückzahlung vom Grundkapital, wie das natürlich und ordnungsmäßig erscheint, abgesetzt wird, wie aus folgendem Beispiel hervorgeht[4]).

---

[1]) Die Aktieneinziehung in besonderer Verbindung mit heimfälligen Unternehmungen ist in im Abschnitte „Die Wertminderung durch Heimfall" behandelt.

[2]) Nach Rehm, S. 425

[3]) Litthauer-Mosse, S. 257

[4]) Siehe auch Rehm, S. 421 u. f., und Staub, S. 684 u. f.

1. Abschluß vor der ersten Teilrückzahlung (nur mit Bezug auf die in Frage stehenden Posten durchgeführt):

Aktiva . . .	550000 M.	Grundkapital .	500000 M.
		Gewinn .	50000 M.

2. Abschluß nach Rückzahlung von 50000 M.:

Aktiva . . .	500000 M.	Grundkapital .	450000 M.
		(also von neuem:)	
		Gewinn . . .	50000 M.

Nach der ersten Rückzahlung könnten also wiederum 50000 M. aus abschlußmäßig „verfügbarem Gewinne" — mehr verlangt das Gesetz nicht — zurückgezahlt werden u. s. f., obschon die weiteren Beträge unbedingt aus dem Anlagevermögen herrühren würden. Nur mit Bezug auf die erste Rückzahlung ist der Wille des Gesetzgebers, daß die Rückzahlung nur aus dem Betriebsgewinne, aus dem Jahresreinertrage erfolgen soll, erreicht, da die Absetzung vom Grundkapital, die den Buchgewinn herbeiführt, natürlich erst nach erfolgter Rückzahlung stattfinden kann. Der Wille des Gesetzverfassers war nun freilich, wie aus den Denkschriften zum neuen Handelsgesetzbuche hervorgeht, der gekennzeichnete, „Absicht des Gesetzes" und „Absicht der Gesetzverfasser" sind aber, wie Rehm[1]) sagt, nicht dasselbe.

In dem Ges. betr. die G. m. b. H. ist hingegen der Rückzahlung aus Vermögen vorgebeugt, denn der darauf bezügliche § 34 sagt in Abs. 3: „Die Bestimmung im § 30 Abs. 1 bleibt unberührt". Die Vorschrift des § 30, Abs. 1, lautet aber: „Das zur Erhaltung des Stammkapitals erforderliche Vermögen der Gesellschaft darf an die Gesellschafter nicht ausgezahlt werden".

Bei den für die Aktiengesellschaft geltenden Vorschriften ist es aber durchaus nicht „selbstverständlich", sondern erscheint sogar, wie Rehm[2]) mit Recht sagt, widersinnig, das Kapital in den Abschluß unverändert einzusetzen, obschon ein Teil zurückgezahlt ist. Staub[3]) und Rehm[4]) sind der Ansicht, daß es den Grundsätzen von der Abschlußklarheit und der Bewertung

[1]) Rehm, S. 430
[2]) Derselbe, S. 429
[3]) Staub, S. 684 (im Gegensatze zu Makower)
[4]) Rehm, S. 433

zum richtigen Zeitwerte widerspricht, das Grundkapital in solchen Fällen unverändert anzusetzen. Wir möchten auch vom Standpunkte der Praktiker hiergegen eintreten und ebenfalls wenigstens eine Ausdrucksweise wie

	Grundkapital	
umlaufende Aktien . . .	1500000 M.	
getilgte Aktien	500000 M.	
		2000000 M.[1]

verlangen.

Rehm läßt also die sachliche Notwendigkeit der Verhinderung von Tilgung aus Vermögen gelten, bestreitet nur[2], daß das Gesetz diese verhindere, und beanstandet die Form der unveränderten Ansetzung der Kapitalziffer; Staub jedoch geht weiter: er erklärt[3], daß ein „Reservefonds der amortisierten Aktien" nicht nur gesetzlich, sondern auch der Natur der Sache nach unnötig sei. Er geht hierbei davon aus, daß die Gläubiger nicht geschädigt werden, wenn auf diese Weise das Kapital unter die Aktionäre verteilt werde, weil ein Reingewinn immer erst verfügbar wird, wenn die Schulden durch Vermögen gedeckt sind; darum — und zumal das gesetzliche Rücklagekonto vorher gedeckt sein muß — sieht er auch in dieser formlosen Art der Kapitalrückzahlung keine Gefahr für die Beteiligten. Demgegenüber betont mit Recht Rehm, daß die Sicherheit der Gläubiger doch wesentlich beeinträchtigt wird, wenn ihnen der „sekundäre Sicherheitsfonds, die wirtschaftliche Deckungsreserve fortwährend verringert wird, welche für sie das Grundkapital über die zur Deckung der Schulden erforderliche Aktivsumme hinaus bildet[4]".

Auch ist bezüglich der „Absicht des Gesetzes" zweierlei zu bedenken: indem das Gesetz die erstmalige Rückzahlung nur aus wirklichem Gewinn ermöglicht, weil ein Buchgewinn in Höhe der Rückzahlung, erst nachdem diese erfolgt ist, ausgewiesen werden kann, bekundet es seinen Willen, die formlose Tilgung nur aus Betriebsgewinn zuzulassen; wenigstens wäre

---

[1] Rehm, S. 435

[2] Derselbe, S. 428

[3] Staub, S. 685, 686

[4] Rehm, S. 428

sonst auch die Absicht folgewidrig. Ferner aber will das Gesetz überhaupt keine formlose Schmälerung des Grundkapitals, denn es knüpft die Herabsetzung des Grundkapitals nach den §§ 288, 289 zur Sicherung der Aktionäre und Gläubiger an so erschwerende Bedingungen, wie es die verlangte Dreiviertelmehrheit bei der Beschlußfassung, das dreimalige Aufgebot an die Gläubiger, das Sperrjahr und andere sind.

Staub[1]) hält jedoch die Aufstellung des Erfordernisses eines Rücklagekontos im Betrage der getilgten Aktien für rechtlich willkürlich, und, wie dargelegt, liegt schlechthin eine wirtschaftliche Notwendigkeit nicht vor. Es ist daher erforderlich oder wenigstens zu empfehlen, wofern die Tilgung lediglich aus dem Betriebsgewinne beabsichtigt ist, dies in Ergänzung der gesetzlichen Vorschrift im Gesellschaftsvertrage festzusetzen. Angebracht wird ein solcher Rückzahlungsgrundsatz überall dort sein, wo mit der Rückzahlung nicht eine allmähliche Auflösung des Unternehmens, eine allmähliche Einschränkung und schließliche Einstellung des Betriebes beabsichtigt ist.

Nicht aber kann behauptet werden, wie das z. B. nach Rehm[2]) — der dem allerdings an anderer Stelle selbst widerspricht[3]) — den Anschein hat, daß bei Unternehmen, deren Anlagevermögen aus tatsächlichen oder rechtlichen Gründen in besonderer Weise der Aufzehrung ausgesetzt ist — also bei Unternehmen mit Masseaufzehrung oder Heimfallast —, Amortisation, geschweige Amortisation nur aus Reinertrag, unerläßlich sei. Vielmehr bedarf es, um das sich aufzehrende Anlagevermögen aus den Betriebsgewinnen zu ersetzen, so daß das Kapital bei Aufhören wiedererstattet werden kann, auch bei Bergwerken, Steinbrüchen und anderen Unternehmen, deren Anlagemasse aufgezehrt wird, keiner anderen Vorsorge als der richtigen, gesetzlich und wirtschaftlich notwendigen Bewertung oder Abschreibung; bei heimfälligen Unternehmen genügt ebenfalls die Abschreibung, wenn sie nach unserem an anderer Stelle dargelegten Bewertungsgrundsatze bemessen wird, oder wenn neben der technischen Abschreibung die Ansetzung der

---

[1]) Staub, S. 686

[2]) Derselbe, S. 422, Ziff. 2

[3]) Derselbe, S. 433

Heimfallschuld erfolgt. Denn wenn z. B. die Mächtigkeit eines Minerallagers als ausreichend für eine Betriebsdauer von 50 Jahren geschätzt ist und der Anlagewert mit Gerechtsamen am Anfange 2000000 M., nach Aufhören der Abbauwürdigkeit aber nur noch 200000 M. beträgt, müssen als Ersatz für diese Wertminderung alljährlich (ohne Rücksicht auf Zinsen und Zinseszinsen) durchschnittlich 36000 M. vom Betriebsertrage zurückbehalten werden, um die Abschreibung zu decken. Auf diese Weise sind nach 50 Jahren 1800000 M. neue Vermögenswerte angesammelt, die mit dem Restwerte von 200000 M. zusammen die Rückzahlung des Kapitals ermöglichen, ohne daß eine wirkliche Tilgung oder die Ansetzung eines Tilgungskontos stattgefunden hat. Schon das mangels Rückzahlung unverändert bleibende Kapitalkonto sichert im Zusammenhange mit der Abschreibung die Unversehrterhaltung der Kapitalsdeckung. Würde hier auch noch Tilgung ohne Herabsetzung der Kapitalziffer oder mit Ansetzung eines Rücklagekontos in Höhe der rückgezahlten Aktien stattfinden, so würde das doppelte Kapitalansammlung oder — mit anderen Worten — Anlegung einer freiwilligen Rücklage bis zur Höhe des Gesamtkapitals bedeuten. Eine solche Maßnahme, die freilich nur bei hoher Ertragsfähigkeit eines Unternehmens durchführbar ist, ist — vorausgesetzt, daß der Gesellschaftsvertrag sie in gesetzmäßiger Weise anordnet, — zulässig. Sie wird natürlich die wirtschaftliche Stärkung eines Unternehmens zur Folge haben und kann geldwirtschaftlich auch durch das Bedürfnis nach Erweiterungen ohne Kapitalserhöhung oder Schuldenaufnahme begründet sein; das sind aber geschäftspolitische Beweggründe — über deren wirtschaftliche Richtigkeit gestritten werden kann —, die wirtschaftliche Notwendigkeit zur Kapitaltilgung aus Reingewinn trotz ordnungsmäßiger Abschreibung liegt aber nicht vor. Es ist daher auch ein Fehler, wenn, wie es vorkommt, in Wirtschaftlichkeitsrechnungen außer der voll bemessenen Abschreibung noch Tilgungsbeträge angesetzt werden, oder wenn ein Konzessionsvertrag dem Konzessionsnehmer ohne Rücksicht auf die gesetzlich notwendige Abschreibung die Ansammlung (und sogar Hinterlegung) eines Tilgungsschatzes bis zur Höhe des ganzen Anlagevermögens zur Pflicht macht. Man kann daher zusammenfassend sagen:

Ein Passivposten „Konto getilgter Aktien" oder „Aktien-Amortisationskonto" (zwecks künftiger Rückzahlung) ist ein freiwilliges Rücklagekonto, wofern außerdem, wie das gesetzlich nötig ist, die richtigen Abschreibungen vorgenommen werden; ein Gleiches gilt natürlich von der Weiteransetzung eines rückgezahlten Kapitalbetrages, die überdies ordnungswidrig ist, wenn der rückgezahlte Betrag nicht als solcher kenntlich gemacht ist. Das gilt nicht minder für Unternehmungen mit Masseaufzehrung als für andere; lediglich bei heimfälligen Unternehmungen liegt die Sache, wenn man den Grundsatz der subjektiven Bewertung nicht auch auf die Entwertung durch Heimfall ausdehnt, anders[1]). Überhaupt liegt bei Unternehmungen mit Masseaufzehrung in bezug auf den Verbrauch des Anlagevermögens grundsätzlich keine andere wirtschaftliche Sachlage vor als bei Betrieben, wo nur Anlagen, die der Fabrikation dienen, sich verbrauchen; hier wie dort wird angelegtes Kapital umlaufend. Die Eigenart ist mehr technischer Natur, und es paßt infolgedessen keine der üblichen beiden Unterscheidungen „Betriebsanlagen" oder „Waren" genau auf einen Besitz von der Art, wie es Kohlenflötze sind; trotzdem aber kann die Notwendigkeit angemessener Abschreibungen oder der Bewertung zum Zeitwerte nicht zweifelhaft sein, so daß auch hier kein zwingender Grund für die Maßnahme der Tilgung vorliegt. Ist die Nutzungsdauer nicht durch die Abbauwürdigkeit, sondern durch die geringere Dauer der Gerechtsame begrenzt, so ändert sich dadurch nichts weiter, als daß die Abschreibung entsprechend dieser subjektiven Wertminderungsursache erhöht werden muß.

Im Anschluß an diese rechtlichen und allgemein wirtschaftlichen Betrachtungen sei noch auf die besondere geldwirtschaftliche Bedeutung angelegter Tilgungschätze oder angelegter Gegenwerte von Abschreibungs- oder Rücklagekonten (mißverständlich auch Erneuerungs- oder Reserve„fonds" genannt) eingegangen. Eine solche besondere Anlegung — die Absonderung bestimmter, leicht flüssig zu machender oder leicht zu beleihender Vermögenswerte von großer Sicherheit, die dem Wechsel der Geschäftslage zugunsten bestimmter Zwecke entzogen sind, — ist natürlich geeignet, die geldliche Sicherheit und

[1]) Hierüber enthält der betreffende Abschnitt Näheres.

die Darlehenswürdigkeit eines Unternehmens zu erhöhen. Wenn man aber bedenkt, wie erhebliche Mittel dadurch dem freien Geschäftsverkehr entzogen werden würden — wir haben in Deutschland Aktiengesellschaften mit Rücklagen von 30, ja von 60 Millionen Mark und noch mehr —, so würde diese Sicherheit durch ein sehr unwirtschaftliches, unkaufmännisches Verfahren erreicht sein[1]), ja es würde dadurch der Zweck eines Erwerbsunternehmens zum Teil aufgehoben werden. Denn der Aktionär würde einen Teil seiner Beteiligung nicht in dem eigentlichen Erwerbsgeschäfte, sondern etwa in mündelsicheren Wertpapieren angelegt sehen; es ist aber augenscheinlich Sache des Aktien oder Anteile kaufenden Kapitalisten selbst, zu entscheiden, welchen Teil seines Vermögens er in Staatspapieren und welchen er in Erwerbsunternehmungen anlegen will. Auch würden die betreffenden Unternehmungen gezwungen sein, entweder ihre Geschäfte entsprechend enger zu begrenzen und auf die Möglichkeit einer größeren Verzinsung der auf solche Art festgelegten Werte als etwa $3^1/_2$ v. H. zu verzichten, oder sie müßten ihr Kapital „verwässern" oder Anleihen aufnehmen; das aber wäre ein fehlerhafter Kreislauf, denn es hieße, insoweit solche Schätze zum Zwecke künftiger Tilgungen angesammelt sind, alte Verbindlichkeiten mittelbar durch neue tilgen. Das Anwachsen des Gesellschaftskapitals oder der Verbindlichkeiten würde überdies in solchen Fällen die erhöhte geldliche Sicherheit des Unternehmens wieder aufheben, soweit es sich nicht um die Sicherung bestimmter Ansprüche und um Schätze, die anderen Ansprüchen wirksam entzogen sind, handelt.

Damit soll jedoch nicht gesagt sein, daß nicht in manchen Fällen die besondere Anlegung von Tilgungschätzen berechtigt wäre; namentlich ist das der Fall, wenn öffentliche Zwecke gesichert werden sollen. Insbesondere kommt das also bei Verkehrsunternehmungen, Licht- oder Wasserwerken und sonstigen auf staatlichen oder Gemeinde-Konzessionen beruhenden Betrieben in Frage. Die Sicherung des Gemeinzweckes ist dann wichtiger als der reine Erwerbszweck.

Ebensowenig ist gemeint, daß die Anlegung von freiem Betriebskapital in Wertpapieren überhaupt unangebracht sei;

---

[1]) Vgl. hierzu auch Rehm, S. 574.

vielmehr kann sie in den Verhältnissen auch eines Industrieunternehmens wirtschaftlich begründet sein. Nur muß im allgemeinen die Frage, ob Tilgungschätze und andere der Verteilung entzogene Ansammlungen von der Verwertung im Geschäftsbetriebe grundsätzlich auszuschließen sind, vom wirtschaftlichen und kaufmännischen Standpunkte verneint werden. Sache einer richtigen Geldwirtschaft ist es hierbei, auch ohne tatsächliche Ansammlung eines Tilgungschatzes die Mittel eines Unternehmens so zu verwalten, daß sie bei Fälligkeit der Ansprüche, die durch Tilgungs- oder Rücklagekonten vertreten werden, in genügendem Maße flüssig sind.

Die Amortisation im Sinne von Schuldentilgung ist eines der wichtigsten geldwirtschaftlichen Hilfsmittel unserer gesamten Wirtschaftstechnik. Die planmäßige allmähliche Tilgung ist zu einer unentbehrlichen Grundlage des gesamten Sachdarlehenswesens geworden. Im Zusammenhange mit der Sachdeckung ermöglicht das Tilgungswesen eine sonst unerreichte Langfristigkeit von Darlehen und Bequemlichkeit der Abtragung und erleichtert damit insbesondere die Beschaffung von Mitteln für Anlagen — z. B. landwirtschaftliche Verbesserungen —, die sich nur langsam, vielleicht erst in mehreren Geschlechtsaltern, bezahlt machen. Es fördert sowohl die Sicherung des Gläubigers, wie es zur Verhütung der Überschuldung beiträgt.

Zwischen Tilgung und Anlagenwertminderung besteht oft eine wirtschaftliche Beziehung, die zum Teil die Ursache der häufigen Verwechselung der Begriffe Abschreibung und Amortisation ist. Diese Beziehung besteht dann, wenn die zu tilgenden Kapitalien der Beschaffung von industriellen oder anderen der Abnutzung oder sonstigen Entwertung unterworfenen Anlagen dienen, was im allgemeinen der Fall ist (Karl Marx nennt in seinem Werke „Das Kapital“ solche Anlagen „fixes Kapital“). Das Abschreibungsbedürfnis zum Ausgleiche der Entwertung deckt sich dann mit der wirtschaftlichen Notwendigkeit der Kapitaltilgung. Die Schuldentilgung ist hier das Gegengewicht gegen die Vermögensminderung durch Anlagenentwertung, das Mittel zur Aufrechterhaltung des wirtschaftlichen Gleichgewichts; da die Anlagenwertminderung, wirtschaftlich ausgedrückt, nichts anderes ist als die Rückverwandlung von festgelegtem Kapital in flüssiges, macht sie geradezu die Mittel zur Tilgung frei.

Geldwirtschaftstechnisch decken sich jedoch Anlagenentwertung oder Abschreibungserfordernis keineswegs stets mit dem Tilgungsplane, namentlich wo es sich um Unternehmungen von unbeschränkter Dauer mit weit umschriebenen Zwecken handelt. Einmal kann die Tilgungsnotwendigkeit auch noch von anderen Einflüssen als der technischen und wirtschaftlichen Entwertung abhängen, z. B. von rechtlichen, die wenigstens nicht allgemein als Wertminderungsursache angesehen werden [1]). Dann aber und hiervon abgesehen ist es aus geldwirtschaftlichen Beweggründen, z. B. nach der Lage des Geldmarktes, oft gegeben, die Tilgungszeit anders zu bemessen, als es der Nutzungsdauer und somit der Frist zur Wiederflüssigmachung der Anlagenwerte entspricht. Häufig kann und will z. B. der Kapitalschuldner sich zu einer weit kürzeren Tilgungszeit verpflichten, als die Anlagedauer beträgt; es muß dann Reingewinn der Verteilung oder seiner sonstigen Bestimmung entzogen und zur Tilgung verwendet werden (von unabhängigen Geldquellen abgesehen). Das aber muß jedenfalls als haushälterischer Grundsatz gelten: ein Tilgungsplan ist nur dann wirtschaftlich berechtigt, wenn die Tilgungsmöglichkeit wenigstens in gleichem Maße vorhanden ist, wie die Entwertung der durch das zu tilgende Kapital geschaffenen Anlagen eintritt und fortschreitet.

Nach allem ist es somit erforderlich, die „Amortisation“ als selbständigen geldwirtschaftlichen Vorgang zu behandeln und Verquickungen mit der Abschreibungsfrage zu vermeiden. Sonst ist auch der Fehler nicht ausgeschlossen, daß eine Abschreibung statt nach der wirklichen (subjektiven) Nutzungsdauer einer Anlage nach einer von dieser verschiedenen, also auch einer länger bemessenen Kapitaltilgungsfrist angesetzt wird. Diesem Irrtume begegnet man tatsächlich in Ertragsberechnungen, Verträgen und sogar Abschlüssen, die sich auf Konzessionsunternehmungen beziehen, indem die Abschreibung nach der Konzessionsdauer bestimmt wird; die schlimmen Folgen hiervon sind offensichtlich. Wohl kann die aus Rechtsgründen sich ergebende Tilgungsdauer die subjektive Nutzungsdauer, also die Abschreibungsfrist, gegenüber der objektiven verkürzen, nie aber verlängern.

---

[1]) Vgl. Näheres in dem Abschnitte über heimfällige Unternehmungen.

Das Tilgungswesen findet nicht nur bei Sachschulden, besonders Grundschulden, sondern auch bei persönlichen Schulden Anwendung.

Größer als für das nichtöffentliche Geldwesen ist seine Bedeutung naturgemäß noch für den Haushaltsplan politischer Verbände, also von Gemeinden und Staatswesen; die Schuldentilgungsfrage gehört daher zu den wichtigsten und umstrittensten Aufgaben der politischen Geldwissenschaft und Geldkunst. Die Vernachlässigung einer geregelten Schuldentilgung, wie sie beim deutschen Reiche vorliegt, gilt als schwerer Fehler.

Zum Schlusse noch einige Worte über die einschlägige Ausdrucksweise: die weiteste Bedeutung hat wohl das Fachwort „Amortisation“, dem der deutsche Ausdruck „Tilgung“ am nächsten kommt. Der Gesetzesausdruck „Einziehung“ begreift nur eine Teilbedeutung. Auch „Wertlosmachung“ und „Kraftloserklärung“ werden noch durch „Amortisation“ gedeckt. Die allgemeine Einführung des jeweils treffendsten Ausdrucks wäre erwünscht.

Ein Passivkonto, das Tilgungskonto, Amortisations„fonds“ zu nennen, ist falsch und irreführend: falsch, weil ein Fonds (fundus) stets nur ein Vermögensposten sein kann, irreführend, weil der Eindruck erweckt werden kann, als ob das Konto durch einen wirklichen, angelegten „Aktivfonds“ (Schatz) bedeckt sein müßte. Auch Staub[1]) hält den Ausdruck Reservefonds statt Reservekonto (Rücklagekonto) für unrichtig, weil „Fonds“ stets auf eine gesonderte Verwaltung hinweist; eine solche sei aber vom Gesetze nicht gewollt. „Es war erwogen worden, ob man das anordnen wollte, aber man hat hiervon abgesehen (Komm.-Ber. z. Akt. ges. v. 84, S. 25)“. Die falsche Anwendung des Wortes „Fonds“ sollte daher aus dem Gesetzbuche, dem Schrifttum, den Gesellschaftsverträgen und Rechnungsabschlüssen verschwinden.

Sehr berechtigt ist auch die Bemerkung Rehms, es sei falsch, statt „Fonds aus amortisierten Aktien“ „Amortisationsfonds“ zu sagen, denn ein Amortisationsfonds habe die künftige Amortisation zum Zwecke; wir würden „Konto“ oder besser „Rücklagekonto eingezogener Aktien“ und „Aktientilgungs-“ oder „Aktieneinziehungskonto“ an Stelle beider Ausdrücke sagen.

[1]) Staub, S. 804 u. a. O.

7. Die Wertminderung durch Heimfall

Ein besonders bemerkenswerter Fall von subjektiver Entwertung kommt bei heimfälligen Unternehmungen vor.

Heimfällige Unternehmungen sind solche, die mit einer Herausgabepflicht bezüglich ihrer Betriebsanlagen belastet sind; bezieht sich die Heimfallast nur auf einen Teil der Betriebsanlagen, so sind die Unternehmungen natürlich nur in dem entsprechenden Umfange heimfällige. Der Ausdruck „Heimfall" schließt ein — und das trifft in der Regel auch zu —, daß die Anlagen an einen ursprünglichen Inhaber, zwar nicht der Anlagen selbst, aber von Gerechtsamen, auf Grund deren sie errichtet sind und betrieben werden, zurückfallen. Der Heimfall braucht nicht unentgeltlich zu sein, er kann auch auf Grund von Preisvereinbarungen erfolgen. Der Zeitpunkt des Besitzwechsels kann bestimmt festgesetzt, er kann auch mit gewissen Beschränkungen in die Wahl des übernehmenden Vertragschließers gestellt sein.

Die Erklärung Rehms[1]), heimfällige Unternehmen seien solche, „deren Anlagekapital (Betriebsanlagen) von der Aktiengesellschaft bei ihrer Auflösung nicht verwertet werden kann, weil es nach Ablauf der Konzessionsdauer an Staat oder Gemeinde unentgeltlich zu überlassen ist", ist in drei Hauptpunkten unzureichend: bezüglich des Übergangszeitpunktes, der auch ein früherer sein kann, bezüglich des Übernehmenden, der nicht unbedingt ein Staat oder eine Gemeinde zu sein braucht, und bezüglich des Übernahmegegenwerts, der nicht gleich null zu sein braucht — wirkliche Unentgeltlichkeit ist eigentlich auch dann nicht vorhanden, denn der Tauschwert ist dann das überlassene Recht, die Konzession. Rehm widerspricht sich hinsichtlich dieses Punktes auch selbst, indem er unmittelbar nach Wiederholung der obigen Erklärung[2]) den „Heimfall gegen Entgelt" behandelt; hierbei macht er allerdings die ebenfalls nicht selbstverständliche Voraussetzung, daß das Entgelt ein volles sein müsse, indem er von der Übergabevergütung sagt: „am Ende beträgt diese soviel, als der Wert der

---

[1]) Rehm, S. 422

[2]) Derselbe, S. 445

wegzugebenden Anlage." Die Vergütung braucht aber keine zu sein, die sich mit dem Anlagewerte deckt: sie kann kleiner oder größer sein als der ordentliche Zeitwert der Anlagen. Ist sie kleiner, so liegt in dem Unterschiede zwischen dem ordentlichen Zeitwerte und der Vergütung eine Entschädigung für die Konzession. Ist sie größer, so enthält sie umgekehrt eine Entschädigung seitens des Übernehmenden für einen Gewinnverzicht des Konzessionärs. In der Tat wird die Vergütung oft gar nicht nach dem Werte der Anlagen, sondern nach der kapitalisierten Durchschnittsrente bemessen und ist dann bei guter Verzinsung des Unternehmens oft größer als der Anlagenwert; dieser Fall kommt natürlich nur bei der in der Regel vertraglich auch vorgesehenen Übernahme während der Konzessionszeit in Frage. Gerade aber der Fall, wo die Vergütung geringer als der volle Wert der Anlagen ist, hat grundsätzlich auch die hier in Betracht kommende Wirkung subjektiver Wertminderung, von dem unentgeltlichen Heimfalle nur im Grade unterschieden.

Als heimfällige Unternehmen kommen zumeist solche, die auf staatlichen oder Gemeinde-Konzessionen beruhen, in Betracht, seltener von Privatpersonen oder privaten Körperschaften, wie Land-, Kolonialgesellschaften, zugelassene. Der Gegenstand der Unternehmen ist besonders der Bau und Betrieb von Bahnanlagen, Wasserwerken, Licht- und Kraftwerken, Hafen- und Speicheranlagen und die Erschließung und Nutzung von Grund und Boden oder Minerallagern.

Ob nun der Heimfall unentgeltlich oder gegen eine bestimmte Summe erfolgt, in jedem Falle ist klar, daß der Buchwert zur Übergabezeit nicht mehr höher sein darf, als der Heimfallwert, wenn nicht in diesem Augenblicke ein — vorher verborgen gewesener — Verlust eintreten soll. Gewöhnlich haben die Anlagen zur Übergabezeit noch einen sehr großen, infolge von Erweiterungen oft sogar gegenüber dem Anfangswerte wesentlich vergrößerten Wert, weil der Zweck der Konzession die Erhaltung der Gebrauchsfähigkeit bedingt, oft auch die Übergabe in betriebsfähigem Zustand ausdrücklich vereinbart ist; hätte die Anlage aber einen noch so großen wirklichen Wert, so waren die Abschreibungen doch so vorzunehmen, als ob die Entwertung auf den Heimfallwert — und sei dieser auch gleich null — erfolgt wäre. Die Auffassung, daß das positive Recht die Bewertung nach dem objektiven Wert erfordere, versagt also hier, wenn man nicht mit Rehm[1]) derartige Anlagen gar nicht als Betriebsgegenstände, sondern als Veräußerungsgegenstände betrachtet und bewertet wissen will. Daß wir diese Auffassung als zu weitgehend ansehen, haben wir bei Behandlung der allgemeinen Rechtsgrundlagen für die Bewertung im Abschlusse schon ausgedrückt. Rehm betrachtet eine zeitliche Begrenzung der Verwendung als das Unterscheidungsmerkmal eines Veräußerungsgegenstandes gegenüber dem nach dem Buchstaben des Gesetzes „dauernd" zum Betriebe bestimmten Betriebsgegenstande; das würde aber dazu führen, daß nicht nur jedes Konzessionsunternehmen, sondern jede Gesellschaft, deren Gesellschaftsvertrag eine bestimmte Dauer der Gesellschaft vorsieht, im rechtlichen Sinne nicht über Betriebsanlagen, sondern nur über Veräußerungsgegenstände verfügt. Überdies braucht der gemeine Veräußerungswert noch nicht der zutreffende zu sein, denn er braucht sich nicht genau mit dem durch die Heimfallast und die technische Verschlechterung bedingten Werte zu decken; er kann niedriger als dieser sein, weil ein Käufer sonst keinen genügenden Kaufanreiz hat, er kann aber auch zu einem bestimmten Zeitpunkte, z. B. wegen hoher Rente des Unternehmens oder weil der Kaufliebhaber einen besonderen Zweck, etwa den der Ausschließlichkeit (Monopol, Trust usw.) verfolgt, höher sein. Legte man in einem solchen Falle der Bewertung den Veräußerungswert bis zur gesetzlichen Höchstgrenze zugrunde, ohne wirklich zu verkaufen, so würde unverwirklichter Gewinn ausgewiesen und unter Umständen verteilt werden, was bei Eintreten des Heimfalls zu einem Verluste führen würde. Dieser Standpunkt ist also nicht haltbar.

Der von uns aufgestellte Bewertungsgrundsatz, unser Begriff des subjektiven oder Betriebswerts[2]) führt zwanglos zu der richtigen, nicht nur die technische Verschlechterung, sondern auch die Wertminderung durch die Herausgabepflicht berücksichtigenden Bewertung. Die herrschende Lehre kommt zu der

---

[1]) Rehm, S. 453

[2]) Unser Begriff „subjektiver Wert" darf, wie in dem Abschnitt über die Rechtsgrundlagen ausführlich dargelegt ist, nicht mit dem, was anderweitig auch subjektiver Wert genannt wird, verwechselt werden, also nicht mit einem willkürlich-persönlichen (individuellen), ungesetzlichen Wertbegriff

gleichen Wirkung, indem sie die Herausgabepflicht als die Ursache einer Wertminderung aus rechtlichen Gründen auffaßt, wie die Massenaufzehrung, z. B. bei einem Bergwerke, eine Entwertung aus körperlichen Ursachen bedeutet[1]). Das kommt wohl auf die tatsächlich richtige Wirkung hinaus, dem viel angewendeten Begriffe „objektiver Geschäftswert", den wir schon früher als widerspruchsvoll bezeichnet haben, scheint damit aber Gewalt angetan zu sein.

Auf alle Fälle ist es unerläßlich, die Herausgabepflicht zu berücksichtigen. Eine rechnungsmäßige Wirkung wird sich nur dann herausstellen, wenn der Heimfall unentgeltlich oder gegen einen geringeren Übernahmepreis, als es der Buchwert bei Abschreibung nur der technischen Wertminderung sein würde, zu erfolgen hat. Drückt man beide Wertminderungsursachen, die körperliche und die rechtliche, in einer Abschreibung aus, so wird für die Bemessung dieser Abschreibung der niedrigere von den beiden in Frage kommenden Endwerten der Anlage maßgebend sein. Verschlechtert sich also eine Anlage durch Alter und Gebrauch bis zum Heimfallzeitpunkte auf beispielsweise 40 v. H. ihres Anfangswertes, fällt aber unentgeltlich heim, so ist die Abschreibung nach dem Endwerte k = O zu berechnen.

Eine solche Abschreibungsweise ersetzt auch die Tilgung des Kapitals in dem erforderlichen Umfange, d. h. in dem Maße, wie es durch den Zeitablauf der Konzession entwertet wird. Denn wenn auch keine Tilgung erfolgt, d. h. weder eine wirkliche durch Einziehung von Aktien noch eine nur rechnungsmäßige durch ein Aktienkapitaltilgungs- oder Rückzahlungskonto, so wird doch, weil der Passivposten (Aktien-)Kapitalkonto gleich hoch bleibt, stets in dem Maße neues Vermögen gebunden, wie das ursprüngliche, den Gegenwert des Kapitalkontos ausmachende Vermögen durch Wertminderung abnimmt. Es wird also auch im Wege der Abschreibung nach den bezeichneten Gesichtspunkten erreicht, was durch die selbständigen Tilgungskonten erreicht werden soll. Nur ist ohne weiteres nicht ersichtlich, welcher Teil der Abschreibung der technischen Verschlechterung und welcher der Entwertung durch Heimfall entspricht.

---

[1]) Rehm, S. 453

Es ist auch nicht, wie Rehm annimmt[1]), unbedingt erforderlich, daß die Masse aufzehrenden oder unentgeltlich heimfälligen Unternehmen planmäßig Aktien einziehen oder einen entsprechenden Tilgungschatz anlegen; entsprechend bemessene Abschreibung bewirkt Gleiches, und diese Form ist vielfach üblich. Gewiß aber ist es bei solchen Unternehmungen gegeben, Aktieneinziehung oder Anlegung eines rechnungsmäßigen Tilgungskontos oder Festsetzung von Abschreibungsätzen, die auch die Wertminderung infolge Zeitablaufs der Konzession berücksichtigen, schon im Gesellschaftsvertrage festzusetzen. Freilich wäre es, auch wenn eine solche Maßnahme nicht vorgesehen ist, gesetzlich und wirtschaftlich unzulässig, die Herausgabepflicht unberücksichtigt zu lassen.

Wird der Weg der Aktieneinziehung eingeschlagen, so gilt § 227 HGB.[2]):

> Die Einziehung (Amortisation) von Aktien kann nur erfolgen, wenn sie im Gesellschaftsvertrag angeordnet oder gestattet ist. Die Bestimmung muß in dem ursprünglichen Gesellschaftsvertrag oder durch eine vor der Zeichnung der Aktien bewirkte Änderung des Gesellschaftsvertrags getroffen sein, es sei denn, daß die Einziehung nicht mittels Auslosung, Kündigung oder in ähnlicher Weise, sondern mittels Ankaufs der Aktien geschehen soll.
>
> Jede Art der Einziehung darf, sofern sie nicht nach den für die Herabsetzung des Grundkapitals maßgebenden Vorschriften stattfindet, nur aus dem nach der jährlichen Bilanz verfügbaren Gewinn erfolgen.

Hiernach ist die Aktieneinziehung in keinem Falle zulässig, wenn sie nicht im Gesellschaftsvertrage vorgesehen ist. Soll sie nur durch Ankauf, also durch freiwilligen Entschluß des Aktionärs, geschehen, so kann eine entsprechende Bestimmung jederzeit in den Gesellschaftsvertrag aufgenommen werden; handelt es sich, was bei den in Rede stehenden Unternehmungen wegen der erforderlichen Planmäßigkeit und des Erwerbspreises allein angebracht wäre, um Zwangseinziehung, so muß die Bestimmung vor der Zeichnung der Aktien festgesetzt sein.

---

[1]) Rehm, S. 422

[2]) Allgemeines über Aktieneinziehung enthält der Abschnitt „Tilgung und Abschreibung".

Die Vorschriften für Herabsetzung des Grundkapitals — §§ 288 ff. HGB. — kommen kaum in Frage, da die Notwendigkeit, die Anlage wenn auch nicht unversehrt, so doch betriebsfähig zu erhalten, die Tilgung aus dem Anlagevermögen verbietet.

Die Aktieneinziehung oder eine der wirtschaftlich gleichwertigen rechnungsmäßigen Maßnahmen kann — wenn auch in entsprechend geringerem Umfange — auch bei Heimfall gegen Entgelt in Frage kommen, wenn, wie das vorkommt, das Entgelt kein vollwertiges ist, beispielsweise nur für Erweiterungen, oder gerade für diese nicht, gewährt wird.

Hinsichtlich der Tilgung wegen Konzessionsablaufes ist zu beachten, daß sie sich keinesfalls mit der ganzen Wertminderung zu decken hat, sondern daß die technische Verschlechterung wie bei jeder Betriebsanlage abzuschreiben ist und die Aktieneinziehung oder sonstige Tilgung sich auf dem Unterschiede zwischen dem ordentlichen Restbuchwerte und dem Übernahmewert aufbaut. Würde in höherem Maße getilgt, so würde der Mehrbetrag eine echte Gewinnrücklage, also einen Überschuß, oder wenn zu solchem der Ertrag nicht ausreicht, einen entsprechenden, aber unwirklichen, nur rechnungsmäßigen Unterabschluß zur Folge haben.

Im entgegengesetzten Falle, wenn die außer den technischen Abschreibungen erforderliche Tilgungsnotwendigkeit übersehen oder in zu geringem Maße berücksichtigt würde, würde im Laufe der Zeit um diesen Betrag zu viel Gewinn, und zwar aus Anlagevermögen, verteilt werden, und bei der Auflösung des Unternehmens würde dieser Betrag fehlen. Daß leider selbst bei Konzessionsunternehmungen ersten Ranges — wir denken besonders an gewisse hervorragende Elektrizitätswerke und Straßenbahnen — dieser Fehler gemacht wird, ja daß sogar auch hier oft nicht einmal die technisch notwendigen Abschreibungen richtig — nämlich vom Anschaffungswerte — und zureichend gemacht werden, ist der Hauptschlüssel zur Erklärung der großen Kursrückgänge der betreffenden Aktienpapiere beim Herannahen des Konzessionsablaufes. Denn da es sich hier nach der Art der Unternehmen um Anlagewerte, nicht um Spielpapiere oder gewagte Geschäfte handelt, ist das dauernde Sinken des Kurses auf einen der Dividende durchaus nicht mehr entsprechenden Tiefstand anders nicht zu begründen.

Es könnte, um einer solchen Möglichkeit zu entgehen, am geratensten erscheinen, die förmliche Tilgung auf das ganze Kapital, also auch soweit es sich durch Anlagenverschlechterung, nicht durch Konzessionsablauf verzehrt, auszudehnen. Ist die Tilgung aber eine wirkliche — durch Aktieneinziehung — oder findet, was in manchen Konzessionsverträgen bestimmt ist, Hinterlegung statt, so wäre leicht die Folge, daß Geldnot eintritt und notwendiger Ersatz und Erweiterungen nicht beschafft werden können.

Ergibt sich hieraus die sachliche Wichtigkeit der Trennung von Abschreibung und Heimfallast, so hält Rehm[1]) überdies eine Vermengung beider und eine Bezeichnung der Abschreibungskonten als Amortisationskonten, auch wenn im Endergebnis die richtige Wirkung erzielt wird, für einen Verstoß gegen die Abschlußklarheit. Damit unterstützt er auch die schon durch seinen Bewertungsstandpunkt vorgeschriebene Ablehnung der herrschenden Lehre — die die Herausgabepflicht lediglich als Abschreibungsursache auffaßt —, indem er sagt[2]): „Hat die Heimfallast lediglich die Natur eines Wertberichtigungskontos" (was die Bedeutung des Abschreibungskontos ist), „dann kann sie als Bilanzpassivposten überhaupt wegfallen, indem die Abschreibung ja auch auf der linken Seite abgezogen werden kann. Ist die Heimfallast bilanzrechtlich dagegen Schuldposten, so muß sie unter allen Umständen auf der Passivseite vorgetragen werden, denn die Bilanz ist ein das ‚Verhältnis von Vermögen und Schulden darstellendes Konto (HGB. § 39)".

Nach Rehms[3]) Ansicht ist die Herausgabepflicht „ein reeller Passivposten, ein Schuldposten im weiteren Sinne, ein Verbindlichkeitsposten, einzureihen unter die Kreditoren, kein Reservefonds und darum kein bloß fiktiver Posten" und nicht, wie das „Konto der amortisierten Aktien", nur ein „rechnungsmäßiger Passivposten", also kein „rechtlich freiwilliger", sondern ein „gesetzlich notwendiger Posten". Demnach müsse er unter allen Umständen im Abschluß als selbständiger Posten erscheinen. Dadurch entfällt aber das Erfordernis der Anlegung

---

[1]) Rehm, S. 456

[2]) Derselbe, SS. 455, 456

[3]) Derselbe, S. 452 ff.

eines Aktientilgungskontos[1]) oder Amortisationskontos; auch dieser Posten gewährleistet, daß die Tilgung nur aus dem Reingewinn erfolgt[2]), auch er hat also die gleiche Wirkung, wie das „Konto (oder Rücklagekonto oder der Reservefonds) amortisierter Aktien", das bei tatsächlicher Tilgung aus Reingewinn nötig ist, wenn die Grundkapitalziffer um den Betrag — natürlich den Nennbetrag — der getilgten Aktien herabgesetzt wird (wird kein „Konto getilgter Aktien" gebildet, so darf natürlich die Grundkapitalziffer nicht ermäßigt werden, da sonst entgegen § 227 HGB. die Aktieneinziehung aus Anlagevermögen erfolgen würde).

Da aber nach Rehm die Herausgabepflicht auf alle Fälle im Abschluß erscheinen muß, wenn sie nicht durch eine Übernahmepreisforderung ausgeglichen wird[3]) (also bei Heimfall gegen volles Entgelt), da sie ferner zwar wie ein Tilgungskonto wirkt, nicht aber die Tilgung zum Zweck hat, ist (nach Rehm) die Ansetzung eines Tilgungskontos unrichtig und nur die deutliche Bezeichnung als Herausgabepflicht oder Herausgabeschuld („Heimfallkonto") richtig[4]).

Man kann darüber im Zweifel sein, ob die Herausgabepflicht von allem Anfang unter den abschlußrechtlichen Schuldbegriff fällt, ob sie also abschlußmäßig unmittelbar als Schuld oder nur mittelbar in ihrer wertmindernden Wirkung, als Abschreibung oder Tilgung veranlassend, zu berücksichtigen ist. Die Untersuchung hierüber würde eine eingehende Darstellung des Schuldbegriffs im allgemeinen und des abschlußrechtlichen Schuldbegriffs für den Vermögensabschluß und den Gewinnverteilungsabschluß erfordern und somit zu weit führen.

Wir wollen nur kurz bemerken, daß nach Rehm selbst nicht die Entstehung von Verbindlichkeiten", sondern „die Erfüllung", nicht der Abschluß von Handelsgeschäften, sondern die Ausführung von Verträgen[5]) buchungsfähig ist, was die Denkschrift zum neuen Handelsgesetzbuche I, 45 dahin ausdrückt: „nicht die Geschäftsabschlüsse als solche, sondern nur

---

1) Rehm, SS. 448, 449

2) Derselbe, S. 446

3) Derselbe, SS. 205, 445, 446

4) Derselbe, SS. 451, 452

5) Derselbe, S. 205, auch nach Simon, Beigel

die infolge der Geschäfte eintretenden Vermögensänderungen" sind ersichtlich zu machen. Hiernach könnte man die Buchungsfähigkeit der Herausgabeschuld, wenigstens aber eine Buchungspflicht mit Bezug auf sie, vor Eintritt des Heimfallzeitpunktes bezweifeln; man könnte sogar im Gegensatze zu Rehm eine durch die Herausgabepflicht bedingte Abschreibung oder Rücklage oder Tilgung als wirtschaftlich notwendig und somit buchungsfähig, die Abschreibung auch als rechtlich notwendig hinstellen, eine Schuld wegen der Herausgabe aber als vor Verfall nicht bestehend ansehen.

Wir können aber für den Gebrauchszweck dahingestellt sein lassen, ob die Herausgabepflicht von Anfang an als tatsächliche Schuld zu buchen oder in anderer Form zu berücksichtigen ist; vor allem kommt es auf eine sachlich genügende Berücksichtigung an. Daß die Ansetzung eines Passivums Heimfallkonto (oder ähnlich) zulässig und zur Förderung der Abschlußklarheit am empfehlenswertesten ist, scheint uns zweifellos. Aus demselben Grunde halten wir auch die Ersichtlichmachung einer etwaigen Aktieneinziehung nach § 227 HGB. für notwendig; das eine hindert aber das andere nicht, wenn der Betrag der eingezogenen Aktien unter diesbezüglichem ausdrücklichem Vermerk von der Grundkapitalziffer abgesetzt wird. Wir wollen das an einem Beispiel erläutern: der Zeitwert der Vermögensstücke und das ihm entsprechende Grundkapital betrage 1000, der Betrag der eingezogenen Aktien 500; der Abschluß könnte dann lauten:

Vermögensstücke 1000	Grundkapital (unverändert) 1000

Dadurch, daß das Grundkapital unverändert gelassen ist, ist die Bedingung, daß die Tilgung aus dem Reingewinn erfolgen soll, erfüllt, man ersieht aus der Form aber nichts von der erfolgten Tilgung; darum verwerfen wir diese nach der Denkschrift zu dem Entwurf eines Handelsgesetzbuchs (S. 138) allerdings zulässige Form grundsätzlich zugunsten der folgenden:

Vermögensstücke 1000	Grundkapital	1000
	abzüglich getilgter Aktien .	500
		500
	Konto eingezogener Aktien .	500.

Unter gleichzeitiger Berücksichtigung des Heimfalles könnte die rechte Seite aber auch lauten

Grundkapital	1000
abzüglich eingezogener Aktien	500
	500
Heimfallkonto	500

oder etwa

Grundkapital	1000
abzüglich getilgter Aktien . .	500
	500
Heimfall- und Tilgungskonto .	500.

Unrichtig ist es aber jedenfalls, wenn Rehm in seinen Beispielen[1]) die Herausgabepflicht mit dem ganzen ursprünglichen Werte der heimfälligen Anlagen bewertet, und dies umsomehr, als er eine Verquickung selbst der Abschreibungen mit dem Tilgungskonto — geschweige also mit seinem wirklichen Schuldposten „Herausgabepflicht" —, wie wir gezeigt haben, für unzulässig hält. Der Wert der Herausgabepflicht ist höchstens — also bei unentgeltlichem Heimfalle — der Restwert im Übergabezeitpunkte, also ist er um die Abschreibungen wegen Verschlechterung, die auch ohne Heimfall während der Konzessionsdauer nötig geworden wären, geringer als der gesamte Neuwert der heimfälligen Anlagen. Und dieser Unterschied ist natürlich sehr groß; denn wenn auch eine Anlage betriebsfähig erhalten und übergeben werden muß, so kann dieser Zustand doch von dem der Vollwertigkeit sehr weit entfernt sein, entfernt sogar von dem Gebrauchszustande, auf den der Unternehmer die Neuanlagen hätte sinken lassen, wenn er den Betrieb in der Hand behielte. Freilich gibt es ja Anlagen, wie z. B. Grundstücke (ohne die Gebäude), Eisenbahndämme, Straßenanlagen, bei denen die Erhaltung der Betriebsfähigkeit nahezu auch die Erhaltung des Neuwerts bedeutet; keineswegs ist das aber bei Gebäuden, Fahrpark, Maschinen, Kabel- oder Rohrnetzen, Straßenbeleuchtungsanlagen und anderem der Fall. Wir haben auf die Gefahr der Vernachlässigung von Betriebsanlagen bei Herannahen des Heimfalles an anderer Stelle hingewiesen und Vorbeugungsmaßregeln empfohlen.

[1]) Rehm, SS. 445—451

In einem Beispiel unterscheidet allerdings auch Rehm[1]) zwischen Abschreibung und Heimfallast — im allgemeinen fällt bei ihm das Abschreibungserfordernis ganz weg, weil schon die Herausgabepflicht den ganzen Anlagewert tilgt —, er hat aber auch hier nicht die Abschreibung wegen Verschlechterung, die neben der Heimfallast in Frage kommt, sondern nur die Wertminderung infolge Heimfalles im Auge.

Rehm spricht hier[2]) einmal von dem Falle, wo angenommen werden kann, daß die Anlagen infolge des Heimfalls bis zum Heimfall allen Wert verlieren; in diesem Falle könne die Herausgabepflicht praktisch vernachlässigt werden, weil sie dann mit Ablauf der Konzessionsfrist gleich null sei. In dieser Beweisführung erblicken wir erstens eine Verkennung der Tatsache, daß die Anlagen durch den Heimfall nicht ihren ganzen Neuwert, sondern nur den zeitlichen Restwert einbüßen können, dann aber eine Umkehrung der Beziehung zwischen Ursache und Wirkung. Die Heimfallast beträgt nicht im Heimfallzeitpunkte null, weil der Anlagewert infolge der Heimfallast null geworden ist — das ist ein Kreisschluß —, sondern weil die Heimfallast einen wirklichen Wert hat, nämlich den ordentlichen Zeitwert der Anlagen zur Übergabezeit, muß der Anlagewert bis dahin auf null abgeschrieben werden. Nach den Grundsätzen ordentlicher Buchführung und unserem Bewertungsstandpunkte geschieht das nicht in einer einmaligen Abschreibung bei Eintritt des Heimfalles, sondern allmählich, wie das bei Abschreibungen und Aufschatzungen stets üblich ist. Schreitet die Entwertung durch Verschlechterung schneller fort, als die infolge Heimfalles, so ist natürlich die Heimfallast gegenstandslos und somit auf die Bewertung ohne Wirkung. Freilich wird bei unentgeltlicher Herausgabe, selbst wenn die Konzessionsdauer sich mit der als Durchschnitt angenommenen technischen Nutzungsdauer der Anlagen oder einem ganzen Vielfachen dieser Größe deckt, stets ein Unterschied zu Lasten des Heimfallkontos verbleiben, da die Anlage dinglich nicht ganz wertlos wird.

In dem einen Beispiele[3]) scheint Rehm diese Sachlage auch vorzuschweben, indem er von einem Falle spricht, wo „die

[1]) Rehm, SS. 454, 455
[2]) Derselbe, S. 454
[3]) Derselbe, S. 455

Wertminderung, welche der Zeitablauf am Anlagekapital verursachen soll, nach Lage der Sache keine solche ist, welche bis zur völligen Wertaufzehrung sich steigert". Für diesen Fall stellt er folgende Buchung als notwendig hin:

Anlagekapital . . .	500	Abschreibung . . .	250
		Herausgabepflicht . .	250

und erklärt das: „Die Auffassung der Heimfallast als Wertminderung kann grundsätzlich nur dahin führen, daß neben das Heimfallkonto (der Herausgabepflicht) ein weiteres tritt, aber nicht kann Heimfallkonto grundsätzlich durch Abschreibungskonto ersetzt werden [1])." Leider macht die ganze Ausdrucksweise nicht deutlich, ob unter der Wertminderung durch Zeitablauf die Entwertung durch Verschlechterung gemeint ist — in welchem Falle das Beispiel sich mit unserer Anschauung decken würde — oder wieder nur die Entwertung durch Heimfall. So wenig verständlich in diesem Falle die Trennung in zwei Passivposten wäre, da beide sich doch auf die Heimfallverbindlichkeit beziehen, hat es nach dem ganzen Zusammenhange doch den Anschein, als ob derartiges gemeint wäre. Sonst würde man erwarten, zu lesen:

> „Die Auffassung der Heimfallast als Wertminderung kann grundsätzlich nur dahin führen", — daß neben das Verschlechterungs-Abschreibungskonto noch ein Herausgabeschuld-Abschreibungskonto tritt.

Umgekehrt würde, wer das gewöhnliche gesetzliche Abschreibungserfordernis zuerst berücksichtigt, sagen:

> Die Auffassung der Heimfallast als eines wirklichen Schuldpostens kann nicht dazu führen, die Verschlechterungsabschreibung unberücksichtigt zu lassen.

Denn, wenn **Rehm** sagt, „nicht kann Heimfallkonto grundsätzlich durch Abschreibungskonto ersetzt werden", so muß erst recht gelten: die notwendige Abschreibung kann grundsätzlich nicht durch das Heimfallkonto ersetzt werden.

Aber auch die rechnerische Verfolgung des vorerwähnten Beispiels, wo die Heimfallast mit dem Endwerte null bewertet ist, weil angenommen wird, daß die Anlagen infolge des Heimfalls allen Wert verlieren, können wir nicht gutheißen. **Rehm**

[1]) **Rehm**, S. 455

nimmt hier[1]) den Verlauf der Herausgabeschuld wie folgt an: er setzt das Anlagekapital mit 500, die Konzessionsdauer mit 50 Jahren, die Wertminderung mit 10 ein und schließt am Ende des ersten Jahres ab

Anlagekapital (Baukonto)	500	Abschreibung . .	10,00
		Herausgabeschuld .	9,80,

am Ende des zweiten Jahres

Anlagekapital . . .	500	Abschreibung . .	20,00
		Herausgabeschuld . (9,80 + 9,60) . .	19,40.

Er fährt fort: „von dem Momente an, wo Herausgabeschuld und Anlagekapital sich im Werte gleich stünden, also z. B. die Bilanz lautete:

Anlagekapital . . .	500	Abschreibung . . .	280
		Herausgabeschuld . .	220[2]),

müßte die Herausgabeschuld dann im Werte fallen; denn mit seiner Entwertung fällt weiter im Werte das Anlagevermögen, und die Herausgabeschuld kann doch nicht höher im Werte stehen, als das herauszugebende Vermögen. Also wäre die nächste Bilanz zu buchen:

Anlagekapital . . .	500	Abschreibung . . .	290
		Herausgabeschuld . .	210

und die Endbilanz würde sein:

Anlagekapital . . .	500	Abschreibungskonto .	500
		Herausgabeschuld . .	0.“

Dies ist die Auffassung Rehms.

Unter Abschreibung ist in diesem Beispiele nach ausdrücklicher Erklärung[3]) die Wertminderung wegen Heimfalles

---

[1]) Rehm, S. 454

[2]) Die Annahme, daß ein Jahresabschluß so lauten könnte, beruht — beiläufig — auf einem rechnerischen Irrtume. Die Abschreibung von 280 ist nach 28 Jahren erreicht, die Herausgabeschuld würde nach dem angenommenen Verlaufe zu diesem Zeitpunkte 198,8 betragen; der Fall, daß Anlagerestwert und Herausgabeschuld eine gleiche Größe sind, würde in der Mitte des 30. Jahres eintreten, zu welcher Zeit die Abschreibung den Wert 295, die Herausgabeschuld (nach Rehm) den Wert 205 erreicht hätte.

[3]) Derselbe, S. 455

gemeint, die sich nach unserer Auffassung mit dem Posten Heimfallschuld deckt. Im Heimfallzeitpunkt ist nach der Rehmschen Folgerungsweise die Herausgabeschuld gleich null. Warum sie, als Wertminderungsursache aufgefaßt, anfangs steigen und dann fallen und nicht vielmehr ständig wachsen soll, je näher der Verfallzeitpunkt rückt — der Wert einer befristeten Schuld ist doch, je ferner der Verfall ist, desto geringer —, ist nicht einzusehen. Nicht einzusehen ist ohne weiteres auch, warum, wenn die Abschreibung schon alljährlich den 50. Teil des Anlagewerts tilgt, noch weiteres Vermögen durch den Posten Herausgabeschuld gebunden, von der Verteilung ausgeschlossen werden soll. Weil das auf die Dauer nicht angeht — sonst würde am Schlusse nicht nur das Anlagekapital 500, sondern die weitere Größe 245 [1]) (Zinsen und Zinseszinsen sind hierbei vernachlässigt) außer der heimfallenden Anlage vorhanden sein —, fällt allerdings (nach Rehm) von Mitte des 30. Jahres an die Herausgabeschuld wieder auf ihren angeblichen Anfangswert (im Eröffnungsabschlusse) null zurück. Das bedeutet nichts anderes als: der allmählich zurückbehaltene Vermögenswert 295 wird in den restlichen $20^1/_2$ Jahren gleichmäßig, also in anderem Verhältnis, als er aufgeschatzt ist, wieder in den Gewinn übergeführt, oder mit anderen Worten: die ganze Anlage ist nicht in 50, sondern schon in $30^1/_2$ Jahren abgeschrieben; von diesem Zeitpunkte an findet nur eine Verschiebung zwischen zwei Passivposten, aber keine Veränderung mehr statt. Warum die Herausgabeschuld, aufs Jahr verteilt, je 0,02 des jeweiligen Anlagerestbuchwerts, nicht des Neuwerts, betragen soll, ist auch nicht erklärt. Vielleicht hat hier der Gedanke vorgeschwebt, die Herausgabeschuld in Beziehung zum Restbuchwert setzen zu müssen; nur ist dabei der jeweilige, nicht der endgiltige, zugrunde gelegt worden.

Wir haben bereits vorher unseren Bewertungsstandpunkt bezüglich der Heimfallast grundsätzlich bezeichnet und wollen ihn jetzt entgegen dem oben wiedergegebenen am gleichen Beispiele näher und rechnerisch ausführen. Zu den bereits vorhandenen Voraussetzungen fügen wir die anderweitig ver-

[1]) Da jede der 49 Rücklagen (die fünfzigste ist = 0) die Größe 0,20 enthält, ist die Rechnung leicht nach der Formel $0{,}20\left(\frac{49 \cdot 50}{2}\right)$ nachzuprüfen.

nachlässigte Größe Nutzlebensdauer der Anlage hinzu und setzen sie gleich 20. Wir behandeln auf diese Weise gleich den häufigen Wirklichkeitsfall, daß die Konzessionsdauer wesentlich länger ist als die durchschnittliche Nutzungsdauer der Anlage, aber nicht ein ganzes Mehrfaches dieses Wertes beträgt. Es ist natürlich wirtschaftlich günstiger für den Unternehmer, wenn das Ende eines Anlagenutzdauer-Abschnitts mit dem Ende der Konzessionszeit zusammenfällt. Freilich ist das in der Wirklichkeit nicht von der Bedeutung, wie es den Anschein hat, denn der Ersatz vollzieht sich meist nicht derart, daß eine ganze Anlage oder selbst ein bedeutender Anlageteil — obwohl das schon eher vorkommt — gänzlich unbrauchbar wird und in einem ersetzt werden muß. Vielmehr wird bald der eine Gegenstand, bald ein anderer, oft auch nur ein Teil eines Gegenstandes ersetzt; die Größe n (Nutzungsdauer) einer Anlage ist mit anderen Worten der Durchschnitt aus den verschiedenen n ihrer einzelnen Teile. Der Ersatz von Rohr- und Kabelnetzen, Eisenbahnschienen und vielem anderen vollzieht sich in dieser Weise ganz allmählich; man würde bei solchen Anlagen also in der Abschreibungsdauer — die sich doch mit dem Ersatzerfordernisse deckt — von einer bestimmten Konzessionsdauer unabhängig sein. Bei vielen Gegenständen, z. B. den meisten Maschinen, Bahnwagen, und auch bei manchen Anlagen, z. B. elektrischen Sammleranlagen, liegt die Sache aber ungünstiger: wenn die Nutzlebensdauer einer Maschine nicht mehr als 20 Jahre beträgt, wird man bei 25 Jahren Betriebszeit unbedingt mit der Beschaffung von zwei Maschinen rechnen müssen, man wird bei unentgeltlichem Heimfall, also subjektiv, mit der Aufzehrung eines ebenso großen Anlagekapitals rechnen müssen, wie bei etwa vierzigjähriger Konzessionszeit. So wird man damit rechnen müssen, zu je einem bestimmten Zeitpunkt annähernd mit einem Male die gesamten positiven oder negativen Platten einer elektrischen Sammleranlage auswechseln zu müssen, und mit ähnlichen Fällen.

In Wirtschaftlichkeitsrechnungen und bei der Bemessung von Abschreibungsätzen wird man diesen Umständen stets mit genügend vorsichtig berechneten Erfahrungsätzen, und zwar Durchschnittsätzen, Rechnung zu tragen haben. Wenn wir von einer durchschnittlichen Nutzdauer der Anlagen von 20 Jahren sprachen, so soll das mit Bezug auf unser Beispiel bedeuten: wenn vom Ertrag eines jeden Jahres fünf vom Hundert von der Verteilung als Gewinn ausgeschlossen werden, wird während 50 Jahren so viel neues Vermögen gebunden, daß der inzwischen erforderlich werdende (durchschnittlich zweimalige) Ersatz dadurch aufgewogen wird und bei Ablauf ein Restbuchwert der Anlage von fünfzig vom Hundert des Anfangswerts unausgeglichen übrig ist. Da infolge des Heimfalles die Anlage zu diesem Zeitpunkte jedoch ganz buchwertlos sein muß, ist es erforderlich, daß auch für diese restlichen 50 v. H. Ersatzvermögen vorhanden ist. Hieraus ergibt sich der Wert der Herausgabepflicht, und zwar in unserem Beispiele mit 250 M. Berücksichtigt man die Heimfallast einfach in der Gesamtabschreibung, so ist mithin statt eines jährlichen Durchschnittsatzes von 5 v. H. ein solcher von 6 v. H. abzuschreiben.

Das ergäbe als Eröffnungsabschluß des zweiten Jahres (also nach der ersten Gewinnverteilung)

			ohne Heimfallast	mit Heimfallast
Anlagekonto . . .	500	Grundkapital		500
Neue Aktiva (zurückbehaltener Gewinn) .	25 oder 30	Abschreibungskonto .	25	30

und als Endabschluß nach 50 Jahren

			ohne Heimfallast	mit Heimfallast
Anlagekonto . . .	500	Grundkapital		500
Zugänge für durchschnittlich zweimaligen Ersatz[1])	1000	Abschreibungskonto . .	1250	1500[2])
Andere Aktiva	250 oder 500.			

Der Wirklichkeitsfall wird sich natürlich rechnerisch verwickelter gestalten; einmal weil nicht eine Durchschnittsababschreibung auf die ganze Anlage, sondern verschiedene Ab schreibungen auf Teile von verschiedener Art und Nutzdauer — die Maßgabe gleicher Nutzdauer wird allerdings bei der Kontengruppierung meist nicht genügend berücksichtigt — üblich

[1]) Diese Buchungsform ist hier wegen des leichteren Verständnisses statt eines Ausgleiches über Abschreibungs(Ersatz-)konto gewählt.

[2]) Zinseszinsen sind der Einfachheit wegen durchweg weggelassen.

und auch zugunsten der Abschlußklarheit erwünscht sind. Statt des folgenden Bildes:

Anlagewert . . .	500		
Nutzdauer . . .	20 Jahre		
		ohne Heimfallast	mit Heimfallast
Abschreibung a)	aufs Jahr	5 v. H.	6 v. H.
b)	insgesamt 50 Jahren	1250	1500

würde sich vergleichsweise folgendes ergeben:

Anlage-gruppe		Nutz-dauer in Jahren	Abschreibung aufs Jahr ohne Heimfallast v. H.	Abschreibung aufs Jahr mit Heimfallast v. H.	Abschreibung insgesamt in 50 Jahren ohne Heimfallast	Abschreibung insgesamt in 50 Jahren mit Heimfallast
A	150	30	$3^1/_3$	4	250	300
B	200	20	5	6	500	600
C	150	15	$6^2/_3$	8	500	600
zus.	500	20	5	6	1250	1500

Auch wird das Bewertungsbild im Laufe der Zeit durch Zugänge an Erweiterungen und Verbesserungen und unter Umständen auch durch Abgänge, die der Vorannahme nicht entsprechen, verändert werden. Soweit diese Zugänge der Heimfallast unter gleichen Bedingungen unterliegen, wird sich die Abschreibung wegen Herausgabepflicht oder die Herausgabeschuld entsprechend erhöhen, wobei der Berechnung natürlich nicht die ganze, sondern die restliche Konzessionsdauer zugrunde zu legen ist. Bei Abgängen, die nicht der regelrechten Entwertung entspringen, also z. B. Veräußerung oder Verselbständigung einzelner Teile des Unternehmens, wird, sofern solche Veränderungen nach dem Konzessionsvertrag überhaupt zulässig sind, der Wahrung der Vertragspflichten Rechnung zu tragen sein; ob z. B. eine mit dem Zwecke des Unternehmens nicht im Widerspruche stehende Verkleinerung der Anlage zulässig ist — eine andere kann wohl überhaupt nicht in Frage kommen —, oder ob darin eine einseitige Schmälerung der Herausgabepflicht zu erblicken ist, hängt vom Vertrag ab. Dieser Fall — der

Verkleinerung — ist wegen des Zusammenhanges der meisten Konzessionsunternehmungen mit der allgemeinen kulturellen Entwickelung selten, immerhin aber auch wirklich[1]).

Aus alledem ergibt sich für die Wirklichkeit das Erfordernis, die Wertgrößen Abschreibung oder Herausgabeschuld im Auge zu behalten und die ursprünglichen Annahmen unter Umständen zu berichtigen; grundsätzlich aber wird dadurch an der Bewertung der Herausgabepflicht nichts geändert. Wir führen daher unser Beispiel in der angewendeten einfachen Form weiter, um die Berücksichtigung der Heimfallast in anderer Form darzustellen.

Trennt man die Abschreibung wegen Heimfalles von der Abschreibung wegen Verschlechterung, was die Abschlußklarheit erhöht, so ändert sich die gegebene Abschlußform, wie folgt:

Eröffnungsabschluß des zweiten Jahres

Anlagekonto . . .	500	Grundkapital	500
neue Aktiva . . .	30	Verschlechterungs-Abschreibungskonto	25
		Heimfallast-Abschreibungskonto	5

Endabschluß nach 50 Jahren

Anlagekonto . .	500	Grundkapital	500
Zugänge für Ersatz	1000	Verschlechterungs-Abschreibungskonto	1250
andere Aktiva . .	500	Heimfallast-Abschreibungskonto	250

oder nach Erfüllung der Herausgabepflicht

Aktiva (angesammeltes Ersatzvermögen) . . .	500	Grundkapital	500.

Wird nun die Herausgabepflicht als Schuld angesehen, so ist es mit dem Wesen einer Schuld wirtschaftlich und gesetzlich (§ 40 HGB.) unvereinbar — was bei Abschreibungen, die eine lediglich innere Angelegenheit betreffen, etwas anderes

[1]) Man denke z. B. an den Rechtsstreit der Charlottenburger Wasserwerke mit der Stadtgemeinde Charlottenburg von 1905/1906 über die Abzweigung von Anlagen, die zwar zum gleichen Unternehmen gehörten, aber zur Versorgung anderer Orte dienten; die Wasserwerke sind zur Herausgabe auch dieser Anlagen nicht verurteilt worden.

ist —, die Zinsen unberücksichtigt zu lassen. Es ist also festzustellen, welchen Zeitwert eine nach 50 Jahren fällige Schuld von 250 hat. In Anbetracht des Grundsatzes jährlicher Abrechnung wird die Zeitwertberechnung nicht auf Grund der einfachen Zinsberechnung[1]), sondern der Zinseszinsberechnung angebracht erscheinen. Nach der Formel

$$C\,n = C\left(1 + \frac{p}{100}\right)^n$$

würde bei 4 v. H. Zinsen und Zinseszinsen der Anfangswert einer Schuld von 250 = 35,18 sein. (C n = Endkapital nach n Jahren, C = Anfangskapital, p = Zähler des Vomhundertsatzes, n = Zahl der Jahre). Die Herausgabeschuld würde also im ersten Jahresabschlusse 36,59 und im fünfzigsten 250 betragen. Würde man nun im ersten Jahre die Schuld ohne weiteres einsetzen, so würde sie sich im Ergebnisse des ersten Jahres als Verlust ausdrücken, während alle ferneren Jahre nur mit den Zinsen und Zinseszinsen belastet sein würden. Der Erfolg wäre eine ganz ungleichmäßige Verteilung der Heimfallast und in den meisten Fällen ein großer Unterabschluß des ersten Jahres, zu dessen Tilgung viele Betriebsjahre nötig sein dürften; ein Wirklichkeitsfall mit einer Herausgabe-Endschuld von 2500000 M. würde z. B. einen Verlustposten von 365900 M. für das erste Jahr, für das zweite aber nur eine Belastung von 14636 M., für das fünfzigste eine Belastung von 96393 M. bedeuten. Das wäre wirtschaftlich widersinnig und ist auch tatsächlich rechtlich nicht erfordert. Die buchmäßige Aufwendung für die Herausgabeschuld wäre nämlich auch ein abschlußfähiges Aktivum, ein Teil der Anlagekosten, da die Anlage ohne den Konzessionserwerb, der durch die Übernahme der Herausgabeschuld bezahlt wird, nicht nutzbar gemacht werden könnte.

---

[1]) Die übliche Diskontrechnung ist, wie beiläufig bemerkt sei, rechnerisch falsch, indem die Zinsen vom Hundert statt aufs Hundert berechnet werden. Ein in einem Jahre fälliger Wechsel von 1000 M. ist bei 5 v. H. Diskont heute nicht 950 M., sondern 952,38 M. wert, denn 950 $\left(1 + \frac{5}{100}\right)$ sind = 997,50, der Zeitwert (x) ist aber $= \dfrac{1000}{1 + \frac{5}{100}}$.

In dem Eröffnungsabschlusse würden sich also die Buchungen wegen der Herausgabeschuld auf der Soll- und der Habenseite die Wage halten. Selbstverständlich muß aber der Sollposten entsprechend dem Konzessionsablauf abgeschrieben werden, da er mit Aufhören des Rechts, dessen Erwerb er darstellt, wertlos wird. Außerdem muß der Schuldposten Herausgabepflicht alljährlich um die Zinsen und Zinseszinsen erhöht werden, um zur Verfallzeit den Verfallwert zu erreichen. Unser Beispiel ergäbe also folgendes:

1. Eröffnungsabschluß

Anlage	500,—	Grundkapital . .	500,—
Konzessionswert . .	35,18	Herausgabeschuld .	35,18.

2. Eröffnungsabschluß des 2. Jahres

Anlage		500,—	Grundkapital . .		500,—
			Abschreibungskonto		25,—
Konzessionswert			Herausgabeschuld .		
	35,18			35,18	
— $^1/_{50}$	—,70	34,48	+ 4% Zinsen	1,41	36,59.
neue Aktiva . . .		27,11			

3. Endabschluß nach 50 Jahren

Anlage		500,—	Grundkapital . .	500,—
Ersatzzugänge . . .		1000,—	Abschreibungskonto	1250,—
Konzessionswert . .		0,—	Herausgabeschuld .	250,—
neue Aktiva . . .				
gebunden durch Abschreibung . . . 1250				
abzügl. Ersatz . . 1000				
250				
gebunden durch Anwachsen der Herausgabeschuld	214,82			
gebunden durch Abschreibung des Konzessionswertes	35,18			
		500,—.		

Vergleicht man die beiden Buchungsarten, so findet man folgende Unterschiede: in Form 1 ist der ganze Heimfallwert auf der rechten Seite ausgedrückt, und zwar wird man das betreffende Konto je nach rechtlicher Auffassung als Abschreibungskonto (also Wertberichtigung) oder als Rücklagekonto ansehen können; in der zweiten Buchungsform erscheint der Wert zuerst mit dem Anfangsbetrage auf der rechten und linken Seite, so daß er sich aufhebt. Dann aber wird er ständig links durch Abschreibung verringert, rechts durch Zuschreibung vermehrt, welche beiden Buchungsmaßnahmen in gleichem Sinne wirken, so daß das Endergebnis das gleiche ist wie in Form 1. Die rechnerische Verschiedenheit beruht somit nur in einer anderen Verteilung der jährlich zu bindenden Werte über die Konzessionsdauer: im ersten Jahre binde ich alljährlich 5, im zweiten Falle im ersten Jahre 2,11, im zweiten 2,16 usw.; genau betrachtet ist diese Gegenüberstellung aber unzutreffend, weil hier Zinsen und Zinseszinsen berücksichtigt sind, dort nicht. Bei Berücksichtigung dieses Umstandes binde ich im ersten Falle

im ersten Jahre	5,—
im zweiten Jahre 5 abzüglich der (4%) Zinsen aus dem im ersten Jahre gebundenen Werte 5[1])	4,80
im dritten Jahre demgemäß	4,61 u. s. f.

Die Berechnung der Zinsen ist aber auch im zweiten Falle nicht mit Bezug auf den ganzen Heimfallwert von 250, sondern nur für den Wert 250 — 35,18 durchgeführt, da der Betrag 35,18 ohne Rücksicht auf Zinseszinsen abgeschrieben wird. Die Anwendung der Zinseszinsenrechnung auf der rechten Seite ist, wie erwähnt, durch die dem Beispiele 2 zugrunde gelegte Rechtsauffassung der Herausgabepflicht als Schuldposten gegeben. Berücksichtigt man auf der linken Seite auch Zinseszinsen, so sind alljährlich $\sim$ 23 + Zinsen und Zinseszinsen des jeweils gebundenen Abschreibungswertes abzuziehen.[2]). Würde man

---

[1]) denn die Zinsen aus dem durch die Rücklage gebundenen Vermögen kommen dem Ertrage zugute.

[2]) Die Ansicht Rehms, man könne bei einem Wertberichtigungsposten nicht von Zinsen sprechen, ist nicht haltbar; es kann sich natürlich hierbei nur um die Zinsen der durch die Abschreibung gebundenen Vermögenswerte handeln. Hierüber findet sich an anderer Stelle Näheres. Natürlich handelt es sich bei Zinsenberechnung im inneren Betriebe nicht

die Herausgabepflicht von Anfang an — was uns mit der Auffassung als Schuld gesetzlich nicht vereinbar scheint — voll mit 250 bewerten und keine Zinsen berücksichtigen, so ergäbe sich eine jährliche Abschreibung auf der linken Seite von 5, also volle Übereinstimmung mit Buchungsbeispiel 1; würde man die Zinsen und Zinseszinsen berücksichtigen, so wäre jährlich $\sim$ 1,64 abzuschreiben (außer dem jeweiligen Zinsbetrage), also bestünde Übereinstimmung mit Beispiel 2 bei vollständiger Durchführung der Zinseszinsrechnung.

Wie aus vorstehendem ersichtlich ist, haben die verschiedenen Rechtsanschauungen keine grundsätzlich verschiedenen rechnerischen Wirkungen, sondern führen nur Unterschiede in der Verteilung der Belastung auf die einzelnen Betriebsjahre herbei, je nachdem die Zinseszins- und Rentenrechnung nicht oder teilweise oder durchweg angewendet wird. Wir zweifeln nach alledem nicht, daß im Wirklichkeitsbrauche jede Lösung als den gesetzlichen Erfordernissen genügend erachtet werden kann, die in dieser oder jener Form die Heimfallast ausreichend berücksichtigt, daß aber — auch bei Auffassung als Wertminderungsursache — ein getrenntes Heimfall-(Abschreibungs-)konto wirklicher Abschlußklarheit entspricht. Für wirtschaftlich am richtigsten halten wir ferner eine Verteilung des Heimfallverlustes im richtigen Verhältnisse von Konzessionsdauer zu Heimfallwert, die also die jährliche Heimfallast $= \frac{\text{Heimfallendwert}}{\text{Konzessionsdauer}}$ ansetzt, wobei Zinseszinsen zu berücksichtigen sind und für Zugänge zum Heimfallwerte die restliche Konzessionsdauer Teiler ist. Die Berücksichtigung der Zinseszinsen wird dem Streben nach möglichst gleichmäßiger Verteilung der Last gerecht.

Buchungsmäßig erscheint die Auffassung als Schuld wegen der Notwendigkeit der Buchung auf beiden Seiten — der Abschreibung auf der einen und der Zuschreibung auf der anderen Seite — umständlicher; aber auch sachlich scheint die Heimfallast durch ein besonderes Abschreibungs- oder Rücklagekonto genügend ausgedrückt.

Die Frage der steuerlichen Abzugsfähigkeit des jährlichen Heimfallverlustes wird an anderer Stelle behandelt werden.

---

um Gewinn- und Verlust-, sondern nur um Verteilungsfragen, abgesehen von Verkäufen auf Grund von zwischenzeitlichen Buchwerten.

Hingegen sei hier noch auf die schon gestreifte Frage der Ansetzung von Kosten des Konzessionserwerbs als Vermögensposten eingegangen.

Betrachtet man die Heimfallast einerseits als Entschädigung für die Erteilung der Konzession, was durchaus der wahren Sachlage zu entsprechen pflegt, und andererseits als Ursache einer Wertminderung, so ergibt sich ohne weiteres die gleichmäßige Verteilung der Kosten des Konzessionserwerbs auf die Betriebsdauer. Aber auch das scheint uns zweifellos, daß eine unmittelbare Baraufwendung für den Konzessionserwerb einen abschlußfähigen Sollposten darstellt, ebenso wie der Preis eines Patentes, einer erworbenen Firma und andere nicht greifbare Werte im Abschluß als Vermögen angesetzt werden dürfen. Selbstverständlich ist ein solcher Posten entsprechend dem Zeitablaufe der Konzession abzuschreiben. Selbst die Aufwendungen, die außer dem eigentlichen Erwerbspreis einer Konzession zu ihrer Erlangung nötig gewesen sind, dürften ohne Rechtsverletzung zum Konzessionspreise zuschlagbar sein; nur muß es sich hierbei um Sonderkosten für diesen Zweck, nicht um Errichtungs- oder Verwaltungskosten einer Gesellschaft handeln, denn diese sind ausdrücklich von der Bewertung als Vermögen ausgeschlossen (HGB. § 261, 4, Ges. d. G. m. b. H. § 42, 2). Zu empfehlen ist hier jedoch als vorsichtigerer Buchführungsgrundsatz, nur den eigentlichen Konzessionspreis als Vermögenswert anzusetzen.

Über die zutreffende Art der Abschreibung ergibt sich das Weitere aus dem vorher mit Bezug auf die Heimfallast Gesagten. Der Widersinn des Verfahrens der Abschreibung vom Buchwerte wäre hier ebenso augenfällig wie bei Patentkonten, bei denen es trotzdem in gleicher Weise wie bei greifbaren Vermögensstücken vorkommt. Auch ein Patent hat eine ganz bestimmte Geltungsdauer, nach deren Ablauf es wertlos ist; es muß also unbedingt im Verhältnisse zu seiner Dauer und auf null abgeschrieben werden. Beides geschieht bei der Abschreibung eines gleichbleibenden Vomhundertsatzes des jeweiligen Buchwertes nicht. Unabhängig hiervon sind natürlich außerordentliche Abschreibungen, die sich durch nachträglich erkannte Minderwertigkeit des erworbenen Schutzrechtes gegenüber dem Erwerbspreise ergeben, oder solche, die aus kaufmännischen

Erwägungen über die regelmäßige Entwertung hinaus vorgenommen werden und eigentlich keine Abschreibungen, sondern, wie schon dargelegt wurde, Rücklagen sind.

8. Die Beziehungen zwischen Abschreibung und Ersatz

Das Gesetz gibt der Aktiengesellschaft zwei Möglichkeiten für die Ansetzung der Wertminderung von Betriebsanlagen und Betriebsgegenständen im Rechnungsabschluß, indem es in § 261, 3 HGB,[1]) bestimmt:

> „Anlagen und sonstige Gegenstände, die nicht zur Weiterveräußerung, vielmehr dauernd zum Geschäftsbetriebe der Gesellschaft bestimmt sind, dürfen ohne Rücksicht auf einen geringeren Wert zu dem Anschaffungs- oder Herstellungspreise angesetzt werden, sofern ein der Abnützung gleichkommender Betrag in Abzug gebracht oder ein ihr entsprechender Erneuerungsfonds in Ansatz gebracht wird."

Die Ausdrucksweise ist auch in dem letzten Teile dieser Bestimmung nicht ganz einwandsfrei: Einmal findet sich auch hier die falsche Anwendung des Wortes Fonds, wovon das in einem vorhergehenden Abschnitte Gesagte gilt; dann ist der Ausdruck „in Ansatz bringen" (besseres Deutsch wäre „abziehen" und „ansetzen" statt „in Abzug" und in Ansatz bringen") nicht so eindeutig, wie es bei einer gesetzlichen Vorschrift erwünscht wäre. Während der Ausdruck „in Abzug bringen" wenigstens deutlich den Sinn eines — mathematisch ausgedrückt — negativen Vorzeichens einschließt, ist „in Ansatz bringen ein neutraler Begriff; er sagt nicht, ob ein Zuzählen oder ein Abziehen damit gemeint ist, oder abschlußmäßig ausgedrückt, ob an ein Ansetzen als Vermögen oder als Schuldposten gedacht ist. Da von einem „Fonds", also einer Besitzmasse, die Rede ist, wäre es sogar folgerichtig, an ein Aktivum zu denken, ein Mißverständnis, dem allerdings der Sachkundige nicht ausgesetzt ist, denn nur ein Schuldansatz kann Gleiches bewirken wie ein Vermögensabzug. Immerhin wäre eine Ausdrucksweise, wie etwa folgende, deutlicher:

---

[1]) Entsprechendes bestimmt § 42 d. G. betr. d. G. m. b. H.

Die Abschreibung kann auch als Abschreibungskonto auf der Schuldenseite angesetzt werden.

Es handelt sich hierbei nur um eine andere Form der Abschreibung, denn es ist rechnerisch gleichwertig, ob ein Abschluß als Vermögen ein

Werkzeugmaschinenkonto	50000 M.
Abschreibung	5000 „
Abschlußwert	45000 M.

anführt oder das

Abschlußkonto

Soll			Haben
Werkzeugmaschinenkonto . .	50000 M.	Erneuerungskonto .	5000 M.

lautet.

Das Erneuerungskonto hat daher zunächst den Sinn eines Abschreibungskontos. Da statt verbrauchter oder sonstwie entwerteter Betriebsanlagen bei einer ihre Nutzungszeit überschreitenden Dauer des Unternehmens die Abgänge wieder ersetzt werden müssen, treten an Stelle verbrauchter — wirtschaftlich richtiger ausgedrückt: in den Kapitalumlauf zurückgekehrter — Werte andere Vermögenswerte, die sich abschlußmäßig mit dem Passivum „Abschreibungskonto“ aufheben. Insoweit also, jedoch nicht in unbeschränktem Maße, ist das Abschreibungskonto auch ein Erneuerungskonto. An einem Beispiele stellt sich das wie folgt dar; entweder wird gebucht:

1) Abschlußkonto

Soll		Haben
Werkzeugmaschinenkonto		
Anschaffungspreis	50000 M.	.....
Abschreibungen in 5 Jahren	25000 „	.....
Restbuchwert .	25000 M.	.....
Zugang (Ersatzanschaffungen) . . .	25000 „	.....
Abschlußwert .	50000 M.	.....

oder

2) Abschlußkonto

Soll		Haben	
Werkzeugmaschinen-konto		Abschreibungs- (Erneuerungs-)Konto	
Anschaffungspreis	50000 M.	Abschreibungen in 5 Jahren	25000 M.
		abzüglich Ersatzanschaffungen	25000 „
		Abschlußwert	0 M.

(Eine etwaige Abschreibung auf die Ersatzanschaffungen ist in vorstehendem Beispiele der besseren Übersichtlichkeit wegen nicht berücksichtigt.)

Das Ergebnis ist in beiden Fällen gleich: der Abschlußwert des Werkzeugmaschinenkontos ist unter Berücksichtigung von Abgängen und Zugängen 50000 M.; in der Form hat jedoch die Ansetzung eines Abschreibungs- oder Erneuerungskontos als Schuldposten den Vorteil größerer Abschlußklarheit. Denn nach kaufmännischem Brauche wird bei Buchungsweise 1 der Abschluß im allgemeinen nicht nach dem obigen Beispiele, sondern in der Weise aufgestellt, daß nur der Buchwert des vorhergegangenen und die Abschreibung und der Zugang des neuen Abschlußjahres ersichtlich gemacht werden. Bei Buchungsweise 2 bleiben dagegen die vollen Neuwerte der Anlagekonten und das Gesamte der Abschreibungen ersichtlich. Statt Buchungsweise 2 ist auch folgende dritte Abschlußaufstellung möglich:

3) Abschlußkonto

Soll		Haben	
Werkzeugmaschinenkonto		Abschreibungskonto	
Anschaffungspreis	50000 M.	Abschreibungen	
Zugang	25000 „	in 5 Jahren .	25000 M.
Abschlußwert . .	75000 M.		

Das Ergebnis ist im Ausgleiche wieder dassselbe. Diese Form bedeutet aber eigentlich etwas anderes: daß nämlich der Zugang von 25000 M. keinen Ersatz für eingetretene Abgänge d. h. für außer Betrieb gesetzte Werkzeugmaschinen des ursprünglichen Bestandes, sondern eine Erweiterung des Maschinenparks an sich bedeutet; trifft das zu, dann ist diese Buchungsweise jedenfalls angebracht und wäre es, wenn auch das Endergebnis des Abschlusses dadurch keine Änderung erführe, doch eine wesentliche Abschlußunklarheit, wollte man mit einer vom Ersatz unabhängigen Neuanschaffung das Erneuerungskonto belasten. Für den Fall aber, daß Ersatzanschaffungen vorliegen, sollte Buchungsweise 2 gewählt werden; denn es entspricht dem Begriffe des Erneuerungskontos, daß ihm nicht nur der Wert der Abschreibungen gutgebracht, sondern auch der Wert der Ersatzanschaffungen — in gewissen Grenzen — belastet wird.

Der Ausdruck und der Begriff Erneuerungskonto sind in mehrfacher Hinsicht Mißverständnissen ausgesetzt.

Im Sinne des Gesetzes ist Erneuerungskonto gleichbedeutend mit Abschreibungskonto; wir haben dargelegt, worin das wirtschaftlich begründet ist. Es ist also in erster Linie ein Wertberichtigungskonto, ein sogenanntes unechtes Rücklagekonto[1]) und darf mit einem echten Rücklagekonto nicht verwechselt werden. Es ist daher ein Erneuerungs- oder besser Ersatzkonto nur in dem Umfange, wie der Ersatzwert sich mit dem Abschreibungswerte deckt; wenn also auf einen Gegenstand 1000 M. in Form einer Ersatzkontogutschrift abgeschrieben sind und dieser Gegenstand ersetzt wird, so dürfen die Ersatzkosten bis zur Höhe von 1000 M. dem Ersatzkonto belastet werden Mehrkosten wären dem Anlagekonto, unter Umständen auch einem Sonderersatzkonto — einem echten Rücklagekonto —, zu belasten. Würden dem Ersatzkonto höhere Ersatzkosten belastet, als wegen des zu ersetzenden Gegenstandes oder der betreffenden Anlage dem Ersatzkonto gutgeschrieben sind, so würde das zwar keinen rechnerischen Ergebnisunterschied zur Folge haben, aber die Abschlußklarheit beeinträchtigen und damit den Zweck des Ersatzkontos aufheben.

Sind die Ersatzkosten geringer als die wegen der zu ersetzenden Sache ordnungsmäßig gemachten Abschreibungen (Ersatzkontogutschriften), so ist der Überschuß natürlich kein Gewinn, wie er es bei einem echten Rücklagekonto wäre, sondern notwendige Abschreibung (Wertberichtigung) mit Bezug auf den ursprünglichen, teuereren Gegenstand.

---

[1]) Staub, S. 802

Mit diesen Beschränkungen also ist der gesetzliche „Erneuerungsfonds“ ein Erneuerungs-(Ersatz-)Konto.

Daraus ergibt sich im Zusammenhange mit früher Gesagtem auch, daß die namentlich bei Bahnunternehmen verbreitete Gepflogenheit, Abschreibungen zu unterlassen und statt dessen den Ersatz als Betriebsunkosten, also gleich notwendigen Abschreibungen als Verlust zu buchen, rechtlich und wirtschaftlich unrichtig ist. Daran wird grundsätzlich auch nichts geändert, wenn das Verfahren auf Verträgen beruht oder mit Kapitaltilgungsplänen im Zusammenhange steht. Verträge, also subjektive Gesichtspunkte, wie z. B. die Heimfallast, können die ordentliche gesetzliche Abschreibungsnotwendigkeit wohl erhöhen, nicht aber verringern. Besteht ein Zusammenhang mit einer planmäßigen Kapitaltilgung, so kann diese, wenn sie aus Reingewinn erfolgt, einen etwaigen Fehler zwar ausgleichen, bedeutet aber mindestens eine Abschlußunklarheit durch Verquickung von Abschreibung und Tilgung und Verwechselung von Reingewinn mit Rohgewinn.

Wenn Staub[1]), der sich hierbei auch gegen die Bezeichnung „Fonds“ ausspricht, den Namen „Erneuerungsreservekonto“ vorschlägt, so ist diese Wahl nicht glücklich, da die Verwechselung mit einem echten Rücklagekonto dadurch erleichtert wird. Zutreffend ist natürlich, wie Staub an gleicher Stelle erwähnt, daß das Erneuerungskonto, insoweit es höhere Beträge als notwendig gutgeschrieben erhält, ein echtes, freiwilliges Rücklagekonto enthält.

Wenn Rehm[2]) aber sagt, das Abschreibungskonto sei ein Erneuerungskonto lediglich insofern, als die Abschreibung freiwillig sei, und dem Gesetzgeber wegen der Gleichstellung von Abschreibung und Erneuerung in § 261, 3 eine Verkennung des wirtschaftlichen Wesens der Abschreibung vorwirft, so fällt dieser Vorwurf auf ihn zurück, und er verkennt überdies das Wesen der doppelten Buchführung. Es erscheint nötig, hierauf einzugehen, nicht nur, weil das mehrfach angeführte Werk Rehms besonders umfassend und verbreitet ist, sondern besonders auch, weil es sich neben der rechtlichen Behandlung

---

1) Staub, S. 802
2) Rehm, SS. 494/5

des Stoffs auch seine buchhalterische Durchführung zur Aufgabe macht. Rehm meint, das Abschreibungskonto stelle nur das Fehlen von Werten auf der Vermögenseite des Abschlusses fest, während nur ein echtes Rücklagekonto das Vorhandensein bestimmter Werte auf der Vermögenseite feststelle. Er behauptet, daß, um 10000 für Ersatzzwecke zurückzubehalten, nicht der Ansatz

Abschlußkonto

Soll		Haben	
Maschinenkonto .	100000	Ersatzkonto . . .	10000

genüge, sondern folgender Abschluß

Abschlußkonto

Soll		Haben	
Maschinenkonto .	100000	Abnutzungskonto .	10000
		Ersatzkonto . . .	10000

nötig sei[1]).

Die Sache ist aber in Wirklichkeit so: Der Anfangsabschluß lautete (vereinfachtes Beispiel)

Anlagenkonto .	100000 M.	Kapitalkonto .	100000 M.

Der erste Jahresabschluß lautet (für den Fall, daß kein Unterabschluß vorliegt; in diesem Fall wäre es natürlich nicht möglich, neue Aktiva zu binden)

Anlagenkonto .	100000 M.	Kapitalkonto .	100000 M.
Abschreibung .	10000 „		
	90000 M.		
neue Aktiva (zurückgehaltener Rohgewinn) . . .	10000 „		

oder (was lediglich eine andere Form ist)

Anlagenkonto .	100000 M.	Kapitalkonto . . .	100000 M.
neue Aktiva .	10000 „	Abschreibungskonto .	10000 „ .

Ob man bei dieser Sachlage den Posten Abnutzungskonto 10000 M. als die Ursache für die Bindung von 10000 M. neuen Aktiven oder als eine Berichtigung des Anlagenkontos von 100000 M. auf seinen wahren Wert von 90000 M. auffaßt, ist ganz gleich; faßt man es als Berichtigungsposten auf, dann bindet das unverändert gebliebene Kapitalkonto eben auch die

---

[1]) Rehm, S. 495

10000 M. neuen Aktiva, die ihrem Ursprunge nach unbedingt die Ersatzmittel für die erfolgte Abnutzung von 10000 M. darstellen. Solche Mittel werden also durch das gesetzliche Abschreibungskonto zweifellos sichergestellt und dieses ist daher — mit den oben gemachten Beschränkungen — ein Ersatzkonto; nur ist es kein freiwilliges, aus Reingewinn herrührendes, sondern ein wirtschaftlich und gesetzlich notwendiges, aus dem Rohertrage auszustattendes Ersatzkonto.

Rehm übersieht hierbei, daß schon der unveränderte Grundkapitalansatz, solange kein Unterabschluß vorliegt, dafür sorgt, daß an Stelle von Abgängen der Anlagenwerte Ersatzvermögen gebunden wird.

Nach Rehm würden die meisten Aktiengesellschaften, da sie keine besonderen — echten — Ersatzrücklagekonten anlegen, gar nicht in der Lage sein, ihren Verschleiß an Betriebsanlagen zu ersetzen. Das ist natürlich nicht der Fall, und das von Rehm neben dem gesetzlichen Abschreibungskonto eingesetzte Konto ist gar kein Ersatzkonto, sondern ein Rücklagekonto für Erweiterungen oder für den Fall, daß der Ersatz Mehrkosten gegenüber der urspünglichen Anschaffung bedingt, oder daß unvorherzusehende Ereignisse die Ersatznotwendigkeit früher als regelmäßig herbeiführen.

Denselben Fehler macht Rehm leider auch an anderer Stelle[1]), indem er die „Ansammlung von (echten) Reserven" zur „Anschaffung von Ersatz-Betriebsgegenständen bei Unbrauchbarwerden der vorhandenen infolge Abnutzung" u. s. w. für notwendig erklärt. Dadurch soll bei Eintreten der Ersatznotwendigkeit diese befriedigt werden können, „ohne daß durch die Ausgaben hierfür die Jahresrente einen Rückgang zu erleiden hat, die Aufnahme von Bankdarlehen u. s. w. notwendig wird." Kurz darauf spricht Rehm von einer anderen Möglichkeit, „Gewinnrückgänge durch Ankauf von Ersatzanlagen auszuschließen". Soviele Behauptungen, soviele Irrtümer:

1. Die regelmäßigen Ersatzmittel werden, wie dargelegt, durch Grundkapital und Abschreibung gebunden. Die Abschreibung ist ja auch nichts anderes als der buchmäßige Ausdruck für die wirtschaftliche Erscheinung, daß festgelegtes

[1]) Rehm, S. 108—111

Kapital durch die Abnutzung wieder in umlaufendes verwandelt wird[1]).

2. Die Ersatzausgabe braucht niemals den Jahresertrag zu beeinflussen, denn sie schafft einen gleichwertigen Vermögensposten an Stelle des durch die Ausgabe abgehenden; bei Barzahlung tritt also lediglich ein Anlageposten an Stelle eines Kassenbestandes. (Den Fall, daß etwa der Ersatz als Betriebsausgabe, also als Verlust, gebucht wird, hat Rehm hier nicht im Auge, denn er behandelt ihn ausdrücklich als besondere andere Möglichkeit.)
3. Der Notwendigkeit der Aufnahme von „Bankdarlehen u. s. w." kann nie durch ein bloßes Konto auf der Schuldenseite vorgebeugt werden, denn dieses bindet zwar abschlußmäßig Vermögen, sorgt aber nicht dafür, daß es als Zahlungswert verfügbar ist; es kann z. B. auch in Erweiterungen von Anlagen bestehen. Nur ein Ersatzkonto auf der Vermögenseite, ein wirklicher Schatz („Fonds"), könnte eine solche Wirkung haben (ein Standpunkt, auf dem Rehm sonst auch steht).

Dazu bringt Rehm folgendes Beispiel:

„Zuerst lautete das Bilanzkonto:

Maschinenkonto	100000	Maschinenabnutzungskonto	100000
Kassabestand	100000	Maschinenersatzkonto	100000

Nach Ersetzung der alten Maschine durch die um 100000 erworbene neue Maschine ist zu buchen:

Maschinenkonto	100000	Maschinenabnutzungskonto	0
Kassakonto . .	0	Maschinenersatzkonto	0."

Das ist falsch. Folgende beiden Vorfälle sind zu buchen:

1. Abgang der alten Maschine,
2. Ankauf der neuen Maschine.

Bei Buchung 1 handelt es sich nur um etwas die Form Betreffendes: der Ansatz „Abnutzungskonto 100000" als Schuld-

[1]) Näheres darüber enthält der Abschnitt über die wirtschaftliche Bedeutung der Abschreibung

posten bedeutet die Abschreibung des tatsächlich wertlos gewordenen Vermögenswertes „Maschinenkonto 100000“. Die erforderliche Buchung lautet:

Abnutzungskonto an Maschinenkonto 1)
wegen Abganges einer Maschine 100000 M.,

das Abnutzungskonto lautet dann

Soll	Abnutzungskonto	Haben 2)
an Maschinenkonto (wegen obiger Buchung) . . . . 100000 M.		per (Eröffnungs-Abschlußkonto (frühere Gutschriften) . . 100000 M.,

das Maschinenkonto

Soll	Maschinenkonto	Haben 3)
an (Eröffnungs-)Abschlußkonto . . 100000 M.		per Abnutzungskonto (wegen obiger Buchung) 100000 M.,

beide Konten sind also ausgeglichen.

Die Buchung wegen des Ankaufs der neuen Maschine lautet als Kassabuchung

Soll (Eingang)	Kassakonto	Haben 4) (Ausgang)
—	—	per Maschinenkonto[1]) 100000 M.,

das Hauptbuchkonto weist dann aus

	Kassakonto	5)
an verschiedene Konten (Bestand) 100000 M.		per Maschinenkonto . . . 100000 M.

Das Kassakonto ist also auch ausgeglichen.

Das Maschinenkonto lautet unter Weglassung der ausgeglichenen Posten

Soll	Maschinenkonto	Haben 6)
an Kassakonto . . 100000 M.	—	—

Ganz unberührt bleibt das Maschinenersatzkonto.

---

[1]) In Wirklichkeit wird nicht unmittelbar das Maschinenkonto, sondern das Kontokorrentkonto (der Lieferant) für die Zahlung belastet werden; da dieses Konto aber vorher zu Lasten des Maschinenkontos erkannt werden mußte, gleicht sich das aus.

Schließt man nun die Konten ab, so lautet das Abschlußkonto

Aktiva		Passiva	7)
Maschinenkonto . 100000 M.		Maschinenersatzkonto . . . 100000 M.,	

und nicht, wie Rehm meint,

Aktiva		Passiva	8)
Maschinenkonto . 100000 M.		0 M.	

Wäre der Ersatz zu Lasten des Maschinenersatzkontos erfolgt, so würde das Kassakonto lauten

		9)
an verschiedene Konten (Bestand) 100000 M.	per Maschinenersatzkonto . . 100000 M.,	

und das Maschinenersatzkonto

		10)
an Kassakonto . . 100000 M.	per (Eröffnungs-) Abschlußkonto . 100000 M.	

Abnutzungs- und Maschinenkonto blieben gemäß Buchungen 1, 2, 3 ausgeglichen, Buchungen 4, 5 und 6 wären durch 9 und 10 ersetzt; die fraglichen Konten wären mithin sämtlich ausgeglichen. Das ist auch selbstverständlich, denn in dem Anfangsabschluß war nicht nur die alte Maschine abgeschrieben, sondern durch das Ersatzkonto soviel angesammelt, daß auch die neue Maschine schon im Augenblicke der Anschaffung abgeschrieben war. Nur ein Liquidationsabschluß, der lediglich wirkliche Werte, keine eingebildeten, also auch keine Rücklagekonten ansetzt, würde so lauten, wie Rehm annimmt, nämlich

Aktiva	Passiva
Maschinenkonto 100000 M.	0 M.
	(also Gewinn 100000 M.).

Den Fall der Liquidation hat Rehm jedoch nicht im Auge, denn er sagt: „freilich muß sofort wieder mit Abnutzungs- und Ersatzkonto auf der Passivseite begonnen werden . Diese Anweisung ist natürlich auch unrichtig, weil nichts mehr abzuschreiben ist; verführe man danach, so hieße das, im nächsten Zeitabschnitt eine doppelt so große — echte — Rücklage anlegen wie im verflossenen [1]).

[1]) Die buchhalterischen Irrtümer häufen sich bei Rehm bei der weiteren Behandlung der Unterbewertungsfrage. Er sagt: „Es wird aus

einem Maschinenersatzkonto von 100000 M. eine neue Maschine angeschafft" (richtiger wäre: zu Lasten des Ersatzkontos; denn „aus" einem Passivkonto kann man nichts anschaffen). „Zuerst lautete die Bilanz:

Kassakonto	100000	Maschinenersatzkonto .	100000

und es wäre nach Anschaffung nun zu buchen" (gemeint ist: nach Anschaffung würden die betreffenden Abschlußposten lauten):

Aktiva

„Maschinenanlagekonto	100000	Maschinenersatzkonto .	0.
Kassakonto	0"		

Das ist falsch. Wenn die Maschine zu Lasten des Ersatzkontos gebucht und das Kassakonto, wie notwendig, für die Zahlung erkannt wird, sind beide Posten ausgeglichen und erscheinen nicht mehr im Abschlusse; selbstverständlich erscheint aber auch das Maschinenkonto nicht, es müßten denn zwei Konten zugunsten eines — jedes mit dem vollen Betrage — belastet werden, was sachlich und nach dem obersten Grundsatze der doppelten Buchführung unmöglich ist. Würde das Maschinenkonto belastet, so bliebe das Ersatzkonto unberührt, die Abschlußposten lauteten dann:

Maschinenkonto .	100000 M.	Ersatzkonto . . .	100000 M.
(Kassakonto . . .	0 „)		—

Das Rücklagekonto würde dann weiter geführt, höbe sich aber natürlich mit dem Maschinenkonto auf.

Rehm behauptet weiter: wenn die neue Maschine auf Unkostenkonto verbucht wird, dann ergibt sich im Abschlusse:

Maschinenkonto	0	Maschinenkonto (soll wohl heißen: Maschinenersatzkonto)	0.
Kassakonto	0		

Solches ergibt aber, wie wir gesehen haben, schon die Buchung der Ersatzanschaffung zu Lasten des Ersatzkontos. Die Anschaffung zu Lasten des Unkostenkontos würde (da dieses, wie alle Verlustposten, im Abschlusse selbstverständlich nicht erscheint, während Rücklagekonten erscheinen) ergeben:

Gewinn- und Verlustkonto (d. h. Verlust)	100000 M.	Maschinenersatzkonto	100000 M.

Der Verlust wäre, da das Maschinenersatzkonto keine Verbindlichkeit, sondern eine echte Rücklage ist, natürlich kein wirklicher, sondern nur ein buchmäßiger, was ja in Abschlüssen tatsächlich vorkommt.

Wenn Rehm schließlich sagt: „Statt zu buchen: Maschinenersatzkonto an Kassakonto, Kassakonto an Maschinenanlagekonto (!), Maschinenanlagekonto an Bilanzkonto (!), ist gebucht: Maschinenersatzkonto 100000 an Kassa, Kassa 100000 an Geschäftsunkostenkonto (!), Geschäftsunkostenkonto 100000 an Verlustkonto", so liegt hier eine vollständige Verkennung der doppelten Buchführung vor. Die erste Buchungsweise würde ergeben:

Abschlußkonto

Kassakonto .	100000	Abschlußkonto („Bilanzkonto") .	100000,

An anderer Stelle [1]) gibt Rehm ein Beispiel, das zwar auch von der Verkennung des Wesens des Maschinenersatzkontos zeugt, in dem er aber wenigstens nicht zwei Passivposten von je 100000 M. durch einen Aktivposten von 100000 M. ausgleicht, sondern daraus 100000 M. Gewinn herleitet. Er gibt folgenden Abschluß:

„Bilanzkonto

Maschinen . . .	100000	Maschinenabnutzung .	100000
Kassabestand . .	100000	Maschinenersatzkonto	100000
Sonstige Aktiva .	240000	Schulden	20000
		Grundkapital . . .	200000
		Reingewinn	20000“

und fährt fort: „nach der Ersatzbeschaffung lautet die Buchung:

Maschinen . . .	100000	Schulden	20000
Kassa	0	Grundkapital . . .	200000
Sonstige Aktiva .	240000	Reingewinn	120000

d. h. es sind 100000 Überschuß vorhanden.“

Hier zeigt also Rehm, daß 100000 M. mehr als nötig vom Ertrage zurückbehalten worden sind. In Wirklichkeit bucht natürlich niemand so; denn man legt außer dem Abschreibungskonto (oben „Maschinenabnutzung“) ein Ersatzkonto — in diesem Falle ein echtes Rücklagekonto — doch nur an, um zu dessen Lasten, nicht zu Lasten eines Anlagekontos den Ersatz zu beschaffen. Man würde also trotz der Ersatzanschaffung den Abschluß erhalten

---

also: Abschlußkonto hat ein Guthaben zu Lasten eben desselben Kontos, was ebenso unmöglich ist wie, daß ein Kassenbestand von 100000 M. nach Zahlung von 100000 M. noch immer 100000 M. beträgt. Hier ist sogar verkannt, daß ein Abschlußkonto kein Vermögenskonto (und auch kein Ertragskonto), sondern nur ein Ausgleichskonto ist, das abgesehen vom Abschluß weder erkannt noch belastet werden kann, und daß einem Kassakonto nur eine tatsächliche Zahlung belastet oder gutgeschrieben werden kann. Die zweite Buchungsweise würde den ebenso unmöglichen Abschluß

Kassakonto . . .	100000 M	Verlustkonto . . . (so!)	100000 M.

ergeben — wieder einen Kassenbestand, der schon ausgezahlt ist, und einen angeblichen Verlust auf der Seite des Abschlusses, auf der nur ein Gewinn ausgewiesen werden kann.

[1]) Rehm, SS. 504/5

1. Maschinenkonto	0 M.	Schulden . . .	20000 M.
Kassakonto . .	0 „	Grundkapital .	200000 „
Sonstige Aktiva	240000 „	Reingewinn . .	20000 „ ,

oder man würde das Maschinenersatzkonto als Rücklagekonto weiter führen, was sogar abschlußklarer wäre:

2. Maschinenkonto	100000 M.	Grundkapital .	200000 M.
Andere Aktiva .	240000 „	Schulden . .	20000 „
		Maschinen-Rücklagekonto . .	100000 „
		Reingewinn . .	20000 „ .

Um zu dem am nächsten liegenden Abschluß 1 zu gelangen (Maschinenkonto 0 usw.), bedarf es bei Rehm eines Umweges; er glaubt, um die Wirkung des Maschinenersatzkontos als Gewinn hintanzuhalten, bedürfe es der Buchung des Ersatzes zu Lasten des Geschäftsunkostenkontos. Statt der einfachen Kassabuchung

Maschinenersatzkonto
an Kassakonto[1] . . . . 100000 M.,

treten also bei Rehm folgende Buchungen

Geschäftsunkostenkonto
an Kassakonto[2] . . . . 100000 „

und die Abschlußbuchungen

Gewinn- und Verlustkonto
an Geschäftsunkostenkonto[3] . . 100000 „

und

Maschinenersatzkonto
an Gewinn- und Verlustkonto . 100000 „

Etwas weniger umständlich wäre statt der zweiten und dritten die Buchung

Maschinenersatzkonto
an Geschäftsunkostenkonto . . 100000 M.,

diese kann aber Rehm kaum im Auge haben, da er sonst wohl auf die unmittelbare Belastung des Maschinenersatzkontos auch gekommen wäre.

---

[1]) oder, was auf dasselbe hinausläuft, Maschinenersatzkonto an Kontokorrentkonto, Kontokorrentkonto an Kassakonto

[2]) oder wie bei [1]) über Kontokorrentkonto

[3]) natürlich in einer Buchung mit dem Ausgleiche des gesamten Geschäftsunkostenkontos

Die Rehmsche Buchungsweise ist nicht nur ein Umweg, sondern schließt auch die Verkennung des Umstandes ein, daß eine Belastung des Geschäftsunkostenkontos mit Ersatzanschaffungen nur dann üblich (und nötig) ist, wenn die Unkosten des laufenden Jahres mit der Aufwendung belastet werden sollen. —

Die richtige Erkenntnis von der Natur des gesetzlichen Erneuerungskontos bewahrt auch vor einem anderen möglichen Fehler als dem zu weitgehender Belastung mit Ersatzausgaben.

Zur Vermeidung dieses Fehlers muß man sich darüber klar sein, daß die Höhe der Abschreibungen durch den Preis des ursprünglichen Gegenstandes, der Wert des Ersatzes durch den Preis des neuen Stückes bedingt ist; beide Werte werden sich fast nie decken. Wollte man nun, wozu der Name Erneuerungskonto oder Ersatzkonto verleiten könnte, die Höhe des Ersatzkontos im Laufe der Zeit lediglich nach den Erfahrungen über die erforderlichen Ersatzkosten regeln, so könnte man leicht dazu kommen, daß durch die Bemessung des Ersatzkontos nicht die wirklich erforderlichen Abschreibungen gedeckt werden, oder daß Ersatzanschaffungen, die billiger als die ursprünglichen sind, zu den höheren Werten dieser zu Buche stehen. Infolge kultureller Erschließungen und technischer Fortschritte sind aber Ersatzanschaffungen häufig wesentlich billiger als die ursprünglichen.

Überhaupt ist, wie der Begriff, so auch der Ausdruck Erneuerungskonto Mißverständnissen ausgesetzt; er ist nicht für jedes Ohr eindeutig. So findet sich z. B. ein Erneuerungskonto in den Abschlüssen einer unserer größten Betriebsunternehmungen — und nicht nur bei dieser — neben regelmäßigen, ausreichenden Abschreibungen; es hat hier also nicht die gesetzliche Bedeutung. Vermutlich ist es ein — echtes — Rücklagekonto für außergewöhnliche Ersatzanforderungen, z. B. solche, die nicht wegen Entwertung, sondern infolge des Bestrebens, jedem technischen Fortschritte sofort zu folgen, auftreten; vielleicht wird es auch zur Deckung außergewöhnlicher Ausbesserungsbedürfnisse herangezogen. Das „Erneuerungskonto“ entgeht wohl aber auch dem Schicksale nicht, irrig mit dem Begriffe der Neuanschaffung verbunden zu werden. Statt des Gesetzesausdrucks Erneuerung empfiehlt sich daher der Ausdruck Ersatz.

Die Einführung eines selbständigen Abschreibungs- und Ersatzkontos hat, wie erwähnt wurde, erhöhte Abschlußklarheit zum Zwecke: die Anlagensumme bleibt ersichtlich. die Summe der Abschreibungen allerdings nur, wenn der Ersatz in den richtigen Grenzen dem Ersatzkonto belastet wird. Ein Nachteil gegenüber der Abschreibung auf der Vermögenseite des Abschlusses entsteht allerdings, wenn verschiedenen Anlagekonten mit verschiedenen Abschreibungsätzen ein gemeinsames Ersatzkonto gegenübergestellt wird; Klarheit besteht nur, wenn jedem Anlagekonto ein besonderes Abschreibungs- und Ersatzkonto entspricht.

Aber in dieser Hinsicht wie in bezug auf die Unterscheidung bei der Buchung von Erweiterung und Ersatz — und in vielen anderen Punkten nicht minder — ist im Gebrauch auf wirkliche Abschlußklarheit vorerst nicht zu rechnen. Hat sich doch bei vielen Aktiengesellschaften eine Form der Abschlußveröffentlichung eingebürgert, die an Talleyrands Wort erinnert, daß die Rede ein Mittel sei, um die Gedanken zu verbergen — ein Brauch, dessen Bekämpfung durch strenge Gesetzesvorschriften nicht einmal bedingungslos zu empfehlen wäre, denn der Vorteil eines Unternehmens kann es rechtfertigen, daß bei der Abschlußveröffentlichung nicht allzu sehr ins einzelne gegangen wird. Ist an sich auch die Forderung berechtigt, daß der Aktionär, der Mitbesitzer eines Unternehmens, einen klaren Einblick in die Verhältnisse erhält, so ist es doch schlechterdings unmöglich, die Kenntnis des nach Gesetzesvorschrift zu veröffentlichenden Abschlusses auf die Aktionäre zu beschränken, ganz abgesehen davon, daß der Aktionär von heute morgen bei einem Wettbewerbsunternehmen beteiligt sein kann. Andererseits erfährt der Aktionär heute gewiß oft zu wenig. Es liegt eben hier ein Interessenstreit vor, der im letzten Grunde auf die Übergangszustände in unseren Wirtschaftsformen zurückzuführen ist: teils sind sie noch individualistisch, teils nähern sie sich, wie bei der Aktiengesellschaft, der kollektivistischen Form, sind aber im Sinne der Vergesellschaftung des Kapitals noch nicht so weit vorgeschritten, daß volle Öffentlichkeit möglich wäre. Immerhin müßte dem jetzigen Zustande der Abschlußunwahrheit und Abschlußunklarheit wenigstens in den wichtigsten Punkten abgeholfen werden.

Mindestens aber ist es unerläßlich, im inneren Geschäftsbetriebe die oben entwickelten Unterschiede zu beachten und die Werte der ursprünglichen Anschaffungs- oder Herstellungskosten, der Abschreibungen, der Ersatzbeschaffungen und der Erweiterungsanschaffungen in Übersichten getrennt zu halten. Das wird an sich schon zu richtigeren und klareren Abschlüssen führen.

Das ist besonders auch zur Unterstützung der beaufsichtigenden Tätigkeit wichtig, zumal die Versuchung vorliegt, in irrtümlicher Auffassung oder Selbsttäuschung — von betrügerischen Absichten ganz abgesehen — dem Anlagekonto oder Ersatzkonto Beträge zu belasten, die keinen Zuwachs gegenüber dem Buchwerte darstellen. Ein solches Verfahren würde natürlich nichts weiter bedeuten, als den Betriebsausgaben zur Last fallende Beträge als Vermögen anzusprechen oder frühere notwendige Abschreibungen rückgängig zu machen — eine wirtschaftlich und gesetzlich unzulässige Handlungsweise. Wie sehr die Ansichten über das in dieser Hinsicht Zulässige auseinandergehen, oder wie weit hierin vom richtigen Wege abgewichen wird, möge ein klassisches Beispiel erweisen; Karl Marx spricht sich darüber, wie folgt, aus[1]):

„Hier ein Beweis, innerhalb wie weiter Grenzen geschickte Direktionen mit den Begriffen Reparatur und Ersatz wirtschaften können zur Erzielung von Dividenden. Nach dem oben zitierten Vortrag von R. B. Williams schrieben verschiedene englische Eisenbahngesellschaften im Durchschnitt einer Reihe von Jahren für Reparatur und Erhaltungskosten des Bahnkörpers und der Baulichkeiten folgende Summen auf Revenuekonto ab (per englische Meile der Bahnlänge jährlich):

London und North Western . . .	370 £
Midland	225 „
London und South Western . . .	257 „
Great Northern	360 „
Lancashire und Yorkshire	377 „
South Eastern . , ...	263 „
Brighton	266 „
Manchester und Sheffield	200 „

[1]) Marx, Das Kapital, Hamburg 1885, II. S. 159

Diese Differenzen rühren nur zum allergeringsten Teil von Verschiedenheit der wirklichen Auslagen her; sie stammen fast ausschließlich aus verschiedener Berechnungsweise, je nachdem Ausgabeposten dem Kapitalkonto oder dem Revenuekonto zur Last gebracht werden. Williams sagt geradezu: ‚Die geringere Belastung wird angenommen, weil dies für eine gute Dividende nötig ist, und die größere Belastung wird gemacht, weil eine stärkere Revenue vorhanden ist, die das ertragen kann.'"

Besonders dann ist es nötig, die Unterscheidungen zwischen Neuanschaffung, Ersatz und Betrieb genau zu beachten, wenn sich Vertragsparteien gegenüber stehen, die an der Behandlung der Frage im gegensätzlichen Sinne beteiligt sind. Dieser Fall ist überdies gerade dort am häufigsten, wo an sich die Ersatzfrage die unmittelbarste und größte Bedeutung zu haben pflegt: bei Unternehmungen, die keine Waren im Handelssinn erzeugen, sondern die unmittelbare Leistung ihrer Betriebsanlagen verwerten, wie Eisenbahnen, Elektrizitäts-, Gas-, Wasserwerke und ähnliche Betriebe. Bei solchen pflegt ein wesentlich anderes Wertverhältnis zwischen den selbstkostenbildenden Größen zu herrschen, als es bei der Warenerzeugung die Regel ist; bei dieser ist die Wertgrößenordnung meist

Arbeitstoffe
Löhne
Abschreibungen,

bei Betriebsunternehmen oft

Abschreibungen
Betriebsstoffe, Löhne

Mitunter übersteigen hier die Abschreibungen sogar die Gesamtheit der übrigen Ausgaben, wenn man von Zinsen für Schuldverschreibungen, die mit der Dividende und etwaigen Vertragsabgaben nicht als eigentliche Betriebskosten, sondern als Teil des Ertrages zu betrachten sind, absieht.

Solche Unternehmen beruhen, wenn sie sich nicht im Staats- oder Gemeindebetriebe befinden, meist auf Zustimmungsverträgen, in denen der Besitzübergang vom Konzessionär an den ursprünglichen Inhaber der Gerechtsame — durch Kauf oder Heimfall — vorgesehen ist. Ist die Übernahme des Ganzen oder, was auch bei kostenlosem Heimfall der ursprünglichen Anlage meistens der Fall ist, wenigstens gewisser Zugänge gegen Entgelt — sei es auf Grund des Buchwerts, sei es nach Abschätzung oder anderweitiger Preisfestsetzung — vereinbart, so ist das einer der häufigsten Anlässe zu Streitigkeiten aus solchen Verträgen. Meist ist im voraus nicht oder nicht genau bestimmt, welche Zugänge „dem Erneuerungsfonds entnommen“ — richtiger würde es in den meisten Fällen heißen: „dem Ersatzkonto belastet“ — werden dürfen, eine Festsetzung, die freilich nicht immer leicht ist. Mitunter ist sogar in Zustimmungsverträgen, die die Übernahme zum Buchwerte vorsehen, nicht einmal die Höhe der Abschreibungen festgesetzt, oder es ist, namentlich wenn nur ein Übernahmerecht, nicht eine Übernahmepflicht des Konzessionserteilers vorgesehen ist, nur von „ordnungsmäßigen“ Abschreibungen die Rede. Dieser Begriff ist aber sehr dehnbar, und Parteien, die entgegengesetzte Interessen vertreten, werden sich über ihn kaum einig sein. In anderen Fällen ist nur ein einziger Durchschnittsatz vom Hundert als Abschreibung festgesetzt, der mitunter sogar ohne Rücksicht auf die Nutzdauer der Anlage nur nach der Konzessionsdauer berechnet ist; bisweilen ist auch nicht einmal ausgesprochen, ob der Abschreibungsatz vom Bauwert oder vom jeweiligen Buchwerte zu gelten hat. Auch andere Mängel haften den einschlägigen Konzessionsbestimmungen nicht selten an, auf die einzugehen nicht im Rahmen dieser Untersuchungen liegt[1]). Schon Irrtümer bei Buchung der Abschreibungen und Erneuerungen, die nicht das Gewinnergebnis, sondern nur die Verteilung auf die Konten beeinflussen, können, wenn nicht zu Verlusten, so doch zu Streitigkeiten bei Eintritt des Übernahmefalls leicht Anlaß geben; sachliche Unzulänglichkeiten aber müssen natürlich früher oder später Schwankungen in den Erträgen und unter Umständen ernste Schwierigkeiten herbeiführen.

Um die bei Ersatzfällen auftretenden Fragen besser zu beleuchten, sollen im Nachstehenden einige Beispiele herangezogen werden.

Fall 1. Ein Eisenbahnunternehmer beseitigt nach einer gewissen Betriebszeit 50 Wagen und ersetzt sie durch andere von gleichem Betriebswert und gleichem Preise: die Kosten der Ersatzbeschaffung sind dem Erneuerungskonto zu belasten;

---

[1]) Vgl. Schiff, Konzessionen für Elektrizitätswerke, ETZ. 1908, Heft 1.

der Endwert der alten Wagen wird dem Erneuerungskonto gutgeschrieben und, wenn sie nicht sofort verkauft werden, einem Warenkonto (Altmaterialkonto) belastet.

Deckt die Gesamtabschreibung auf die 50 alten Wagen — der Betrag des Erneuerungskontos — zuzüglich des Altwerts die Kosten der Ersatzbeschaffung, so ist die Sache in Ordnung.

Sind die Abschreibungen zu gering bemessen gewesen, um den Kostenunterschied zwischen Ersatzbeschaffung und Altwert auszugleichen, so muß eine entsprechende nachträgliche — außerordentliche — Abschreibung vorgenommen werden. Diese bedeutet einen Betriebsverlust des betreffenden Jahres, wofern kein Rücklagekonto für solche Fälle verfügbar ist.

Sind die Abschreibungen zwar im richtigen Verhältnisse zu den Größen n (Nutzungsdauer), K (Anschaffungskosten) und k (Endwert) bemessen worden, sind die Anschaffungskosten der gleichwertigen Ersatzwagen aber höher, als die der zu ersetzenden gewesen sind, so würden trotzdem die neuen Wagen zu ihrem höheren Preise zugeschrieben werden (wenn nicht Vertragsbestimmungen entgegenstehen); das Anlagekonto erhöht sich dann um den Betrag, den das Erneuerungskonto nicht mehr hergeben kann. Natürlich wird dann — gleiche Nutzungsdauer vorausgesetzt — die künftige Abschreibung gegenüber der früheren erhöht sein müssen.

Sind endlich die Abschreibungen auf die 50 zu ersetzenden Wagen höher gewesen als der wirkliche Entwertungsbetrag, so ist der Konzessionär berechtigt, falls keine gegensätzlichen besonderen Vereinbarungen bestehen, den Mehrbetrag der Abschreibungen dem Ersatzkonto wieder zugunsten seines Betriebsgewinnes zu belasten. Soll der Mehrbetrag der Abschreibungen nicht als Gewinn verrechnet werden, so ist seine Überführung auf ein Rücklagekonto richtig. Überhaupt gilt natürlich von einer zu hohen Ausstattung des den gesetzlichen Abschreibungen entsprechenden Ersatzkontos, was von Abschreibungen, die über das Regelrechte hinausgehen, gesagt ist: sie gehören auf ein Sonder-Ersatzkonto, ein — echtes — Rücklagekonto. Wenigstens wäre das — in Anbetracht, daß jede Gutschrift auf Ersatzkonto etwas Ungefähres, Geschätztes darstellt, — dort durchaus angebracht, wo aus der Höhe des Ersatzkontos ohne weiteres die Überschreitung des Regelmäßigen hervorgeht. Die Wahl dieser Form bietet dem Konzessionär auch den Vorteil, daß nicht ein Teil seiner Rücklagen der Gefahr ausgesetzt ist, als „ordnungsmäßige Abschreibung“ betrachtet und bei etwaiger Feststellung des Buchwert-Übernahmepreises abgezogen zu werden.

Der dargestellte Erneuerungsfall 1 ist der einfachste; die Wirklichkeit bietet meist verwickeltere. Das folgende Beispiel möge an einem solchen Falle die Notwendigkeit klarer Buchführung und der Unterscheidung zwischen Ersatz und Erweiterung dartun.

Fall 2. Die 50 abgenutzten Eisenbahnwagen werden nicht durch gleiche, sondern durch 50 größere, für eine höhere Personenzahl berechnete ersetzt; es ist klar, daß hier nur zum Teil ein Ersatz, zum Teil aber eine Erweiterung vorliegt. Daher werden die Beschaffungskosten in entsprechendem Verhältnisse zu teilen sein: der dem Ersatz entsprechende Anteil wird dem Erneuerungskonto belastet, der einen neu werbenden Vermögenswert darstellende Erweiterungsanteil wird als Zugang dem Eisenbahnwagenkonto belastet.

Im Ergebnis erscheint es zwar gleichgiltig, ob gebucht wird:

Buchungsweise 1

Soll		Abschlußkonto	Haben
Eisenbahnwagen-Konto		**Eisenbahnwagen-Ersatzkonto**	
Bestand, Anfangswert . .	4000000 M.	Abschreibungen	1000000 M.
Zugang . . .	1500000 „		
Buchwert . .	5500000 M.		

oder

Buchungsweise 2

Soll		Abschlußkonto	Haben
Eisenbahnwagen-Konto		**Eisenbahnwagen-Ersatzkonto**	
Bestand . .	4000000 M.	Abschreibungen	1000000 M.
Zugang für Erweiterung . .	500000 „	abzüglich beschafften Ersatzes (Anteil)	1000000 „
	4500000 M.		0 M.

Als Unterlage für eine Besitzübernahme durch den Konzessionsgeber wird aber die zweite Form eine klarere Grundlage abgeben; denn wenn bei einer oft erst nach vielen Jahren erfolgenden Übernahme etwa auf Grund der — durch den Zugang nicht vermehrten — Zahl der Wagen abgerechnet wird, erscheinen Ersatz und Erweiterung sonst verwischt und die Zugangsbewertung ist in Frage gestellt.

Daß die genaue Unterscheidung zwischen Ersatz und Erweiterung, obschon beides abschlußmäßig einen Zugang bedeutet, auch bei anderer Abrechnungsweise zur Vermeidung von Schwierigkeiten nötig ist, soll durch ein besonderes Beispiel belegt werden. Es handelt sich hier um den bei Gelegenheit des Ersatzbeispiels 1 schon gestreiften Fall zu hoher Abschreibungen, wenn die Übernahme zum Buchwerte vereinbart ist. Die Wirklichkeit begünstigt hier Irrtümer, weil die Abschreibungen nur auf ungefähren Schätzungen beruhen, die sich niemals mit dem tatsächlichen Ersatzbedürfnisse decken; sind aber große Anlagen in Frage und ist die Verwaltung vorsichtig, so werden schließlich auf dem Erneuerungskonto große Überschüsse verbleiben.

Nehmen wir für unser Beispiel an, die Abschlußwerte wären nach Buchungsweise 1:

Abschlußkonto

Soll		Haben	
Eisenbahnwagen-Konto		Eisenbahnwagen-Ersatzkonto	
Endwert . .	8000000 M.	Endwert . .	4000000 M.,

so ergäbe das einen scheinbaren Buchwert und damit Übernahmepreis von 4000000 M.

Buchungsweise 2 hätte jedoch folgendes Bild gezeigt:

Abschlußkonto

Soll		Haben	
Anfangsbestand	4000000 M.	Abschreibungen	4000000 M
Erweiterungen	2000000 ,,	Erforderlich gewordener Ersatz . . .	2000000 ,,
Endwert	6000000 M.	Endwert	2000000 M.

Die 2000000 M. Überschuß auf dem Ersatzkonto müssen die über den schon verwirklichten Ersatz hinaus eingetretene, aber noch nicht gebrauchsoffenbar gewordene Entwertung der Anlagen ausdrücken. Für diese liegt jetzt ein genauer Anhaltspunkt in dem unter den gleichen Verhältnissen schon nötig gewordenen Ersatze vor; ergibt dieser die noch verborgene Entwertung nach der Verhältnisrechnung mit nur 1000000 M., so bedeutet das, daß der ordnungsmäßige Übernahmewert nicht 4000000 M., sondern 5000000 M. beträgt. Die 1000000 M. sind eine Rücklage, die bei richtigen Vertragsbestimmungen dem Konzessionär verbleibt.

Nun ist natürlich eine solche Rückprüfung der Abschreibungen auf ihre Ordnungsmäßigkeit hin auch bei Buchungsweise 1 möglich, während sie andererseits durch Form 2 nicht erspart wird; immerhin aber ist die bei Form 2 fortlaufend zum Ausdruck kommende Unterscheidung zwischen Erweiterungen und Ersatz geeignet, die Klärung zu erleichtern.

Gemeinhin wird vielleicht angenommen, daß eine Nachprüfung der Abschreibungen auf ihre Ordnungsmäßigkeit hin nur im umgekehrten Sinn erforderlich werden wird, daß also in solchen Fällen nur die Gefahr zu geringer Abschreibungen besteht; einmal aber trägt Form 2 durch ihre größere Klarheit natürlich dieser Möglichkeit ebensogut Rechnung, andererseits kann durch erleichterte Ermöglichung der Rückgewinnung von Abschreibungsüberschüssen der Gefahr zu geringer Abschreibungen und mittelbar damit auch einer unverhältnismäßigen Verschlechterung der Anlagen in den letzten Jahren vor dem Besitzwechsel mit vorgebeugt werden.

Aus dem Beispiel ergibt sich freilich nicht nur die Notwendigkeit möglichst übersichtlicher Buchführung, sondern noch mehr das Erfordernis genauer Vereinbarungen bezüglich künftiger Übernahmepreise, wozu besonders auch die Auslegung der Begriffe Buchwert, Abschreibungen, Ersatz, Ausbesserungen, Erweiterungen, Verbesserungen gehört.

In den bisher behandelten Beispielen war es an sich leicht, zu erkennen, ob bei der Anschaffung ein Ersatz oder eine Erweiterung oder Verbesserung vorlag, und trotzdem waren Verwickelungen nicht ausgeschlossen. Naturgemäß ist die Möglichkeit solcher noch größer, wenn die Bedenken sich nicht nur aus in der Form liegenden Gesichtspunkten ergeben, sondern wenn sachlich zweifelhaft ist, ob eine Aufwendung eine Vermehrung des Anlagewerts oder einen Ersatz bedeutet. Diese Frage wird überall dort wesentlich sein, wo bei einer Besitzveränderung für wirklichen Zuwachs, nicht aber für den Ersatz der Anlage gesonderte Entschädigung gewährt wird. Es ist klar, daß die Aufwendung, wenn sie als Ersatz angesehen wird, einen Verlust für den Konzessionär bedeutet, daß er sie im anderen Falle aber bezahlt erhält.

Als Beispiel besonderer Umstände, die hier mitwirken können, diene der folgende Fall: das umlaufende Magnetsystem einer großen Drehstromdynamomaschine, wie sie in öffentlichen Elektrizitätswerken im Gebrauche sind, wird unbrauchbar. Es bestehen drei Möglichkeiten:

a) der Maschinenteil wird wieder in Stand gesetzt und erreicht dadurch seine ursprünglich geschätzte restliche Nutzungsdauer von 5 Jahren wieder, Aufwendung 15000 M.,

b) der Maschinenteil wird durch einen neuen ersetzt, dessen Nutzungsdauer auf 15 Jahre geschätzt wird. In diesem Fall übertrifft seine Nutzungsdauer die des älteren, verbleibenden Teils der Maschine um 10 Jahre, Aufwendung 30000 M.,

c) die ganze Maschine wird, da sie in 5 Jahren doch ersetzt werden müßte und nicht mehr ganz zeitgemäß ist, vorzeitig durch eine neue ersetzt; Nutzungsdauer 15 Jahre, Aufwendung . . . . 60000 M.

Im ersten Falle liegt eine Instandsetzung (Ausbesserung) vor; er scheidet daher bei der Behandlung der Frage „Wertzuwachs oder Ersatz" aus. (Das wirtschaftliche Verhältnis zwischen Aufwendungen für Instandsetzungen und fortlaufender Anlagenwertminderung ist der Übersichtlichkeit wegen an anderer Stelle behandelt.)

Was Fall b anlangt, so wird objektiv klar scheinen, daß ein eigentlicher Ersatzfall vorliegt, daß also die Buchung zu Lasten des Ersatzkontos und damit die Aufwendung in Hinsicht auf eine spätere Besitzübernahme zu Lasten des Konzessionärs zu erfolgen hat. An sich ist es wirtschaftlicher, nach Möglichkeit b zu verfahren als nach Möglichkeit a; denn im Falle b wird mit der doppelten Aufwendung die dreifache Nutzungsdauer erreicht. Hier spielen nun aber zwei relative Bewertungsgründe hinein:

1. die Nutzungsdauer des neuen Magnetsystems, die nicht durch seine Haltbarkeit, sondern durch die restliche Haltbarkeit der übrigen Maschine gegeben ist, (falls nicht beabsichtigt ist, diese später auch in bauartlich unveränderter Weise zu ersetzen, was in Wirklichkeit infolge der Schnelligkeit der technischen Fortschritte heute selten ist)
2. die restliche Betriebsdauer bis zur Übergabe in andere Hände.

Der erste Punkt beruht in rein technischen und wirtschaftlichen Erwägungen und sein Einfluß auf die Entscheidung zwischen den Möglichkeiten a und b ist leicht rechnerisch darzustellen. Wird z. B. beabsichtigt, die Maschinenbauart beizubehalten, und wird eine volle Ausnutzung der Lebensdauer der Ersatzteile auch durch andere, subjektive Gründe nicht beschränkt, so ergibt sich im Fall a, aufs Jahr berechnet, eine Nutzungsaufwendung von 3000 M , im Falle b von 2000 M. (die Endwerte sind der Einfachheit wegen außer Acht gelassen). Ist hingegen die Erneuerung des ruhenden Teils der Maschine nach Ablauf seiner noch 5 Jahre betragenden Nutzungsdauer nicht beabsichtigt, so verhält sich die Wirtschaftlichkeit des Falles a zum Falle b wie eine Ausgabe von 3000 M. zu einer solchen von 6000 M., woraus sich die Entscheidung ergibt.

Berücksichtigt man aber den zweiten in Wirklichkeit ebenfalls häufig vorliegenden Beweggrund und nimmt beispielsweise eine restliche Konzessionsdauer von nur vier Jahren an, nach denen die Anlage in „betriebsfähigem Zustande“ in andere Hände übergehen soll, so liegt die Sache anders. Es kommt dann für die Entscheidung nicht mehr die objektive Wirtschaftlichkeit, sondern — vom Standpunkte des Unternehmers aus — die Frage, was für ihn am vorteilhaftesten ist, in Betracht. Muß er die Ausgabe in jedem Falle als Ersatz buchen, so ist natürlich der billigste Ausweg, wenn er auch wirtschaftlich und technisch schlechter ist, für ihn der beste, so lange überhaupt noch durch ihn die Erfüllung der Vertragspflicht betriebsfähiger Übergabe ermöglicht wird; in solchen, gewiß nicht seltenen Fällen wird also nicht der objektiv wirtschaftlichste und technisch beste Weg gewählt werden. Das wäre vom allgemein volkswirtschaftlichen Standpunkte aber widersinnig; und daraus ergibt sich eine andere Folgerung: es kann nach Möglichkeit b verfahren und ein Teil der dadurch gegen a erhöhten Ausgabe, obschon objektiv ein Ersatzfall gegeben ist, subjektiv als Wertzuwachs, für den bei Besitzübergabe Entgelt gefordert werden darf, gebucht werden.

Diesem Grundsatze wird sich im Einzelfalle natürlich je nach Sinn, Wortlaut und Auslegung des Konzessionsvertrages Geltung verschaffen lassen oder nicht. Auch wird es sich empfehlen, einen solchen Fall, wenn Vertragszweifel möglich sind, sobald er eintritt — nicht erst beim Besitzwechsel —, durch eine Verständigung beider Parteien in dem allein wirtschaftlichen und daher beiden Beteiligten nützlichen Sinne zu entscheiden; am besten wird die Entscheidung eine grundsätzliche, also auch für spätere Fälle giltig sein. Gerechter Weise werden beide Parteien an der Ersparnis Teil haben müssen; in welchem Maße das der Fall zu sein hat, sei am gleichen Beispiel untersucht.

Die Mindestaufwendung für den Konzessionär wäre Fall a mit 15000 M. Wenn er noch 4 Jahre den Betrieb führt, bedeutet das, aufs Jahr verteilt, 3750 M. Der Konzessionsgeber wäre dann nach einem weiteren Jahre zur Ersatzanschaffung (Fall b = 30000 M.) gezwungen und erreichte damit günstigsten Falls weitere 15 Jahre Nutzungsdauer. Das erste Jahr würde ihm für den fraglichen Maschinenteil keine Abschreibung bedingen, da dieser schon vom Konzessionär ganz abgeschrieben ist; oder wenn er doch abschreibt (in diesem Falle richtiger: rückstellt) verteilt er die demnächst erforderliche Neuanschaffung, die für ihn als Erwerber einer abgenutzten Anlage Wertzuwachs ist, auf 16 Jahre Abschreibungsdauer.

Wird nun der wirtschaftlichere Weg — Fall b — gewählt, so kommt dem gemeinsamen Zwecke eine fünfzehnjährige Nutzungsdauer — dem Konzessionär eine vierjährige, dem Konzessionsgeber eine elfjährige — zugute; der Durchschnittswert von 2000 M. aufs Jahr kann aber der Verteilung nicht zugrunde gelegt werden, da hierbei der Konzessionsgeber nicht nur keinen Vorteil, sondern einen Nachteil hätte.

Die richtige Verteilung wird sich aus der Abwägung der Gesamtkosten bei wirtschaftlicher und bei unwirtschaftlicher Lösung der Frage ergeben. Die unwirtschaftliche würde

$$\begin{aligned} & 15000 \text{ M. Ausbesserungskosten für 4 Jahre Nutzung durch den Konzessionär} \\ \frac{30000 \text{ M.}}{16} \cdot 11 = {} & 20625 \text{ M. Ersatzaufwendung für weitere 11 Jahre Nutzung durch den Besitznachfolger} \\ \hline \text{zusammen } & 35625 \text{ M. für 15 Nutzungsjahre,} \end{aligned}$$

die wirtschaftliche

30000 M. für 15 Nutzungsjahre

ergeben. Die Ersparnis von 5625 M. bei wirtschaftlicher Lösung beträgt somit 15,8 v. H. und verteilt sich im Verhältnisse der Aufwendungen, so daß der Konzessionär zu der 30000 M. erfordernden Anschaffung 12630 M. aus Ersatzmitteln zu leisten hat; 17370 M. kann er als Wertzuwachs buchen und diese sind bei Besitzübergabe — genauer: 1 Jahr später — vom Übernehmenden zurückzuvergüten, was natürlich eine grundsätzliche Einigung voraussetzt[1]).

Die Vergleichsrechnung für Fall c ergibt sich hiernach ohne weiteres.

Dieses Beispiel im Kleinen ist in mehrfacher Hinsicht bezeichnend; so zeigt es unter anderem, daß einzelne Maschinenteile — geschweige ganze Anlagenteile — eine so ausgesprochene Selbständigkeit besitzen können, daß ihre Nutzungsdauer unabhängig von der ihrer Ergänzungsteile betrachtet werden kann, was natürlich bei der Festsetzung von Abschreibungen oder

---

[1]) oder, anders gerechnet,

$$\begin{aligned} & 15000 \text{ M. Aufwendung des Konzessionärs für 4 Nutzjahre} \\ & 0 \text{ „ „ „ Übernehmenden „ 1 Nutzjahr} \\ \frac{30000}{15} \cdot 10 = {} & 20000 \text{ „ „ „ „ „ 10 Nutzjahre} \\ \hline \text{zus. } & 35000 \text{ M. Aufwendung für 15 Nutzjahre.} \end{aligned}$$

Die Ersparnis beträgt dann 5000 M., die Kostenverteilung 12857 M. auf den Konzessionär, 17143 M. auf den Übernehmenden.

Gutschriften auf Ersatzkonto von Bedeutung ist. Für einzelne Maschinenteile wird das freilich selten in Frage kommen, sondern die subjektive Nutzungsdauer des Ersatzteils wird meistens ohne Rücksicht auf die eigene Haltbarkeit durch die restliche Lebensdauer der übrigen Maschine gegeben sein; umsomehr aber wird diese Möglichkeit bei ganzen Anlageteilen vorliegen.

Wie ferner aus dem Beispiel hervorgeht, unterliegt, wie die Wertminderung, so auch der Ersatz subjektiven Verhältnissen, und das ist natürlich, weil diese beiden Größen sich bedingen. Eine objektiv wirtschaftliche Regelung solcher subjektiven Einflüsse ist aber nach dem Grundsatze möglich:

Ersatz kann in dem Umfange, wie er über das Mindesterfordernis hinausgeht, als Wertzuwachs anzusehen sein. Die Sorgfalt des ordentlichen Kaufmanns und Vertragstreue auf der einen, gewissenhafte Prüfung auf der anderen Seite sind die Vorbedingungen zur Verhütung mißbräuchlicher Anwendung dieses Satzes.

In Wirklichkeit wird der Ersatzfall, wie schon angedeutet, verhältnismäßig selten in seiner einfachsten Gestalt, der reinen Ersatzform, auftreten; er wird vielmehr, von Ausbesserungsfällen — die oft erst die Ersatzfrage brennend machen — ganz abgesehen, für den Techniker fast immer die Frage nach Verbesserungen und Erweiterungen einschließen. Die Frage, ob und inwieweit der Ersatz einen Wertzuwachs einschließt, kann auch dort auftreten, wo weder eine Umfangsvergrößerung noch eine Leistungserhöhung, sondern lediglich eine technische Güteverbesserung vorliegt. Wenn z. B. in einer ohne Entschädigung oder gegen bestimmtes Entgelt herauszugebenden Anlage, wo für den Zuwachs Vergütung gewährt wird, Einzylinderdampfmaschinen durch Verbundmaschinen oder solche durch Dreifachausdehnungsmaschinen gleicher Leistung ersetzt werden, wodurch eine Kohlenersparnis herbeigeführt wird, stellt augenscheinlich der Mehrwert der neuen gegenüber den alten Maschinen eine zu entsprechendem Anteil entschädigungswürdige Ausgabe des Konzessionärs dar.

In zweifelhaften Fällen wird der vorsichtige Geschäftsmann lieber etwas zu viel als zu wenig aus Betriebsmitteln decken und nicht das Ersatzkonto belasten. Freilich werden nicht viele Unternehmungen in der Lage sein, wie das bei einzelnen seit

Jahren geübt wird, die Kosten aller Ersatz- und Erweiterungsanschaffungen an Maschinen und Geräten aus Betriebsmitteln zu decken; es bedarf dazu nicht nur besonders großer Gewinne und starker Finanzkraft, sondern auch einer besonderen Machtstellung der Verwaltung. Der Aktionär findet sich — nicht mit Unrecht — leicht dadurch geschädigt; daß es wenigstens im Interesse der Abschlußklarheit richtiger wäre, die fraglichen Beträge den Anlage- und Ersatzkonten zu belasten und die zu Unrecht als Betriebsverlust gebuchten Werte Rücklagekonten gutzuschreiben, geht aus unseren früheren Darlegungen hervor.

Wenn die Wichtigkeit der behandelten Fragen hier und an anderer Stelle namentlich mit Bezug auf Konzessionsbetriebe betont ist, so wird die Berechtigung hierzu einleuchten, wenn man Zahl und Umfang der Anlagen, die auch in neuzeitlich entwickelten Staats- und Gemeindewesen noch als Konzessionsbetriebe geführt werden, bedenkt. Die größten derartigen Unternehmungen — Vollbahnen — werden in Deutschland allerdings nur noch vereinzelt als Privatbetriebe geführt[1]), in den bedeutendsten fremden Staaten aber noch in großem Umfange. Die privat verwalteten Straßen- und anderen Kleinbahnen, sonstigen Verkehrsunternehmen, Licht- und Kraftanlagen, Wasserwerke und Hafenbetriebe stellen aber auch bei uns einen erheblichen Teil des Volksvermögens dar; welche Bedeutung die einschlägigen Fragen bei ihnen erlangen können, zeigt nicht am wenigsten die Prozeßgeschichte solcher Unternehmen.

9. Unterhaltung und Wertminderung

Betriebsanlagen unterliegen nicht nur der fortlaufenden Abnutzung durch Gebrauch und der wirtschaftlichen Entwertung durch verschiedene Ursachen, sondern auch plötzlichen Schädigungen infolge von Fehlern des Stoffes oder der Bauart, durch Mißbrauch — z. B. Überlastung, falsche Anwendung oder absichtliche Zerstörung —, sowie durch Naturgewalten, wie Wasser, Kälte, Hitze, Feuer.

[1]) Auch hierin kann mit Bezug auf elektrische Vollbahnen wieder eine teilweise Änderung eintreten.

In solchen Fällen treten naturgemäß plötzliche Wertminderungen der betroffenen Gegenstände ein, die zwischen geringfügigen Beträgen und völliger Entwertung schwanken. Derartige Wertminderungen entziehen sich, weil sie nicht notwendig sind, wie die Abnutzung, der Vorausschätzung in weit höherem Grade als diese. Solche Wertminderungen sind daher in den allgemein üblichen Abschreibungsätzen nicht eingerechnet und müssen durch besondere Abschreibungen ausgeglichen werden, wenn der Gegenstand nicht etwa schon entsprechend unterbewertet war. Natürlich ist es auch nicht angängig, eine derartige außerordentliche Abschreibung zwar vom Anlagekonto abzusetzen, aber einem gesetzlichen Erneuerungskonto zu belasten; das wäre nicht nur in der Form, sondern auch in der Sache falsch: der wirkliche, aus Anlagekonto abzüglich Erneuerungskonto sich ergebende Anlagewert bliebe unverändert. Hingegen kann selbstverständlich ein für solche Zwecke bestimmtes echtes Rücklagekonto mit dem Ausfallbetrage belastet werden.

Solche Wertminderungen bedingen jedoch nicht in allen Fällen Abschreibungen. Hat zwar der reine Sachwert gelitten, so daß der Gegenstand bei einem Verkauf einen geringeren Preis erbringen würde — und hierzu kann schon ein Schönheitsfehler genügen —, erfüllt er aber in unveränderter Weise und auf unveränderte Dauer seinen Betriebszweck, so ist eine besondere Abschreibung weder rechtlich noch wirtschaftlich bedingt, wie sich aus den an anderer Stelle dargelegten Bewertungsgrundsätzen ergibt.

Ferner kann in vielen Fällen eine dauernde Wertminderung — und auf solche beziehen sich Abschreibungen — durch eine Ausbesserung hintangehalten werden. Eine solche Ausbesserung wird jedoch nicht stets genau die durch den Schaden eingetretene Wertminderung ausgleichen oder ausgleichen können: oft wird die Ausbesserung nur die Betriebsfähigkeit, nicht aber die volle Leistungsfähigkeit wieder herstellen, bisweilen aber wird sie umgekehrt eine Verbesserung über den Zustand vor Eintritt des Ausbesserungsbedürfnisses einschließen. In dem einen Falle wird trotz der Ausbesserung eine entsprechende Abschreibung nötig sein, in dem anderen wird der Teil der Aufwendung, der der Verbesserung entspricht, dem Ersatzkonto belastet werden dürfen. Freilich wird eine Ausbesserung den Neuzustand nicht wieder herbeiführen können, sie müßte denn mit einem durchgreifenden Ersatz einhergehen — und dann liegt eben in der Hauptsache ein Ersatzfall vor; denn wenn die Abnutzung auch an bestimmten Teilen eines Gegenstandes wieder aufgehoben wird und an anderen Teilen nicht sichtbar ist, so besteht sie doch verborgen weiter. Und es gibt in der Tat sehr wesentliche, nicht am Tage liegende Verschlechterungen chemischer und besonders physikalischer Natur: so hat man Verschlechterungen von Eisenkonstruktionen, ja den Einsturz eiserner Brücken, die bezüglich ihrer statischen Verhältnisse mit großem Sicherheitskoeffizienten berechnet waren, erlebt, was lediglich durch Veränderung der molekularen Lagerung des Stoffes durch Zeit und Erschütterungen herbeigeführt war[1]; so tritt — um ein anderes Beispiel anzuführen — mit der Zeit eine Verschlechterung des elektrischen Gütegrades von Eisenblechen bei Transformatoren und anderen elektrischen Apparaten auf, die geradezu „Altern" genannt wird.

Noch weniger wird eine Ausbesserung im allgemeinen eine Verbesserung über den Neuzustand herbeiführen; denn wenn das auch mit Bezug auf den einen oder anderen Teil eines Gegenstandes oder einer Anlage möglich ist, so wird es doch mit Bezug auf das Ganze nicht der Fall sein, es müßte denn, wie oben von einem Ersatze, hier von einer — bei Gelegenheit des Ausbesserungsbedürfnisses vorgenommenen — eigentlichen Verbesserung die Rede sein. Ist nun aber auch der Begriff Ausbesserung im allgemeinen durch den Zweck der Beseitigung eines Schadens begrenzt und die Möglichkeit des Ersatzes oder gar des Wertzuwachses in Verbindung mit der Ausbesserung nicht ausgeschlossen, so wird doch höchste Vorsicht in Bezug auf die Verbuchung von Kosten, die mit Ausbesserungen zusammenhängen, auf Anlagekonten geboten sein. Die Regel wird stets bleiben, daß Ausbesserungskosten als Betriebsunkosten anzusehen sind und überdies sorgfältig zu prüfen ist, ob nicht ihr Gegenstand trotz der Ausbesserung eine Entwertung erlitten hat, die

[1]) Nicht zu verwechseln mit der gleichen schädlichen Wirkung, die durch Übereinstimmung des Rhythmus des Tritts marschierender Truppen mit der Eigenschwingungszahl einer Brückenkonstruktion herbeigeführt wurde.

eine Sonderabschreibung erfordert. Was von dieser durch Sonderabschreibung auszugleichenden Wertminderung oben gesagt ist, gilt noch viel selbstverständlicher von den Ausbesserungskosten: sie sind innerhalb der normalen Abschreibungen nicht vorgesehen, vielmehr ist bei Bemessung der üblichen Abschreibungsätze eine ordnungsmäßige Unterhaltung einschließlich notwendiger Ausbesserungen vorausgesetzt, bei der Schätzung der Nutzlebensdauer berücksichtigt[1]). Wenn daher Aktiengesellschaften Ausbesserungskosten dem Ersatzkonto belasten[2]), so ist das unzulässig. Unverständlich ist aber auch, wenn Rehm[3]) sagt: „Nur wenn notwendige Abschreibungen unterbleiben, dürfen und müssen Reparaturen bei Bewertung des reparierten Vermögensgegenstandes in Berücksichtigung" (fehlt: gezogen) „und deshalb auf Bestands- (Anlagen-)Konto übertragen werden. Erfolgen Reparaturen neben Abschreibungen wegen Wertminderung, so gilt das Gegenteil." Hierzu kann man nur sagen: wenn notwendige Abschreibungen unterbleiben, ist das ein Fehler, und wenn außerdem noch Ausbesserungskosten dem Anlagekonto belastet werden, ist das ein weiterer Fehler, der die Überbewertung noch erhöht. Sollte gemeint sein: wenn ein Gegenstand nicht zum Rohwert abzüglich gesetzlicher Abschreibung, sondern zum reinen zeitlichen Sachwert angesetzt wird, sind die Ausbesserungen als Wertzuwachs zuzuschlagen? Auch das wäre nicht voraussetzungslos richtig, sondern nur dann, wenn zur Zeit des älteren Wertansatzes der Schaden schon eingetreten, noch nicht ausgebessert und der Ansatz um den Schadenswert gekürzt gewesen wäre. Vielleicht ist auch an den Fall gedacht, daß statt der Vornahme von Abschreibungen der — nur bedingt zulässige — Weg[4]) gewählt ist, Ersatz als Betriebsunkosten zu buchen, denn das erscheint als einzige Möglichkeit, notwendige Abschreibungen zu unter-

[1]) Rehm, S. 508

[2]) Derselbe, S. 508; wenn Rehm hier auch davon spricht, daß es unzutreffend ist, die Ausbesserungskosten dem Erneuerungskonto hinzuzurechnen, so ist zu bemerken, daß dies gar nicht möglich ist: eine Ausgabe kann doch nur einem Konto belastet, nicht aber (abgesehen vom Kassakonto und gleichwertigen Konten) gutgeschrieben werden.

[3]) Derselbe, S. 508

[4]) Vgl. den Abschnitt über Ersatz.

lassen; aber auch in diesem Falle dürfen Ausbesserungen nicht einem Bestandkonto zugeschrieben werden.

Grundsätzlich gilt also, daß die Unterhaltung die Wertminderung auf die Dauer nicht hintanhalten kann. Unter Unterhaltung oder Instandhaltung sind neben den Ausbesserungen besonderer Schäden die zur möglichst langen Erhaltung der Betriebsfähigkeit erforderlichen regelmäßigen Leistungen zu verstehen — nicht zu verwechseln mit der Wartung einer Anlage, der Bedienung beim Gebrauche. Zur Unterhaltung von Betriebsanlagen gehören z. B. alle Reinigungsarbeiten an Kesseln, Maschinen und anderen Einrichtungen, zur Wartung das Anlassen, die Aufsicht beim Betrieb und das Abstellen von Maschinen.

Nach den üblichen Abschlußgrundsätzen hat die Unterhaltung keinerlei abschreibungmindernde Wirkung, weil, wie gesagt, die übliche Abschreibungsdauer die Wirkung der Unterhaltung schon voraussetzt. Jedermann macht bei Schätzung einer ordnungsmäßigen Lebensdauer die ausgesprochene oder stillschweigende Voraussetzung regelrechter Unterhaltung. Selbst eine bewußte Überabschreibung erfolgt im allgemeinen nicht wegen der Möglichkeit der Nutzdauerkürzung durch schlechte Unterhaltung; im Gegenteil sind die vorsichtigen und in günstiger Vermögenslage befindlichen Unternehmer, die zur Unterbewertung neigen, meist dieselben, die für die gute Unterhaltung der Betriebsanlagen am meisten aufwenden.

Somit steht die Unterhaltung wirtschaftlich und noch mehr abschlußmäßig im Gegensatze zum Ersatz, der die eingetretene Wertminderung wieder aufhebt und somit dem Abschreibungs- und Ersatzkonto belastet werden darf.

Die Buchung von Unterhaltungskosten auf Anlagen- oder Ersatzkonto würde rechtlich gegen die Abschlußwahrheit verstoßen und wirtschaftlich die Verteilung von Vermögen als Gewinn ermöglichen, was wiederum schließliche Verluste herbeiführen würde.

Aus der Sachlage ergibt sich auch für Ertragsberechnungen zu technischen Entwürfen das Erfordernis, als Teil der festen Kosten außer der Abschreibung und etwaigen festen Zinsen die Aufwendung für Instandhaltung nach Erfahrungsätzen vorzusehen. Genau genommen sind die Kosten der Unterhaltung, wie auch die Abschreibungen, soweit sie durch Abnutzung bedingt sind, keine ganz festen Aufwendungen, sondern sie sind ebenfalls, wenn auch keineswegs in demselben Verhältnisse wie die Löhne oder gar die Betriebsstoffe, von dem Grade der Benutzung abhängig und daher veränderlich. Da aber auch eine wenig oder sogar gar nicht benutzte Anlage der Unterhaltung bedarf, wie sie ja auch ohne Benutzung durch Altern entwertet wird, betrachtet man im Gebrauche diese Kosten als feste und drückt sie durch einen Erfahrungsatz vom Hundert des Bauwerts aus.

Die Gefahr, daß reine Aufwendungen für Ausbesserungen fälschlich als Wertzuwachs gebucht werden, sollte verhältnismäßig gering sein; daß sie es in Wirklichkeit nicht ist, beweist die auf Eisenbahnen bezügliche Zusammenstellung, die in dem Abschnitt über das Erneuerungskonto wiedergegeben ist. Gerade die Häufigkeit des Falles, daß die Ausbesserung in Verbindung mit Ersatz auftritt, hat zur Folge, daß Kosten, die eigentlich dem Betriebskostenkonto zur Last fallen sollten, diesem erspart werden. Das leuchtet ein, wenn man z. B. folgenden Fall betrachtet: eine Maschine, die eine normale Nutzungsdauer von zehn Jahren besitzt, erleidet nach acht Jahren einen außerordentlichen Schaden. Die Anlage steht noch mit 20 v. H. des Neuwerts zu Buche. Die Instandsetzung würde zwar die Nutzungsdauer auf das ursprüngliche Maß wieder erhöhen, wäre aber verhältnismäßig kostspielig. Man entschließt sich daher, die Maschine alsbald zu ersetzen. Belastet man die Ersatzkosten voll dem Anlage- oder dem Ersatzkonto, so steht das Anlagekonto um den unabgeschriebenen Restwert von zwanzig vom Hundert des Werts der ersetzten Maschine zu hoch zu Buche. Eine solche Möglichkeit wäre bei Wahl des Ausbesserungsweges ausgeschlossen gewesen; in diesem Falle wäre die Ausgabe lediglich dem Betriebe zur Last gefallen. Es ist daher erforderlich, bei der Ersatzanschaffung den Rest als Betriebsausgabe, genau wie es bezüglich der Ausbesserungskosten der Fall gewesen wäre, zu verbuchen, wie das schon an anderer Stelle dargelegt wurde. Der Fehler, daß in solchen Fällen die Restabschreibung unterbleibt, beruht auf einem Mangel an Überlegung und insbesondere auch darauf, daß meistens — leider auch im inneren Betriebe — keine klare

Übersicht über die Zusammensetzung des Buchwerts eines Anlagekontos, z. B. eines Werkzeugmaschinenkontos, vorhanden ist. Man kann den Gesamtbuchwert auf eine gewisse Zeit rückwärts — nicht einmal stets bis zum Betriebsbeginne zurück — nach Zugängen und Abschreibungen zergliedern, kann aber meist nicht feststellen, mit welchem Wert ein bestimmter Gegenstand noch zu Buche steht. Dazu wird, wie anderen Orts dargelegt, das ganze Abschreibungswesen meist nicht planmäßig genug behandelt. Da Gegenstände verschiedenen Alters, verschiedener Nutzungsdauer und von verschiedenem Verhältnisse zwischen Anfangs- und Endwert auf demselben Konto verbucht werden, auf das ein Durchschnittsatz abgeschrieben wird, ist der jeweilige Buchwert des einzelnen Gegenstandes naturgemäß nicht zu ermitteln.

Um nun einen annähernden Ausgleich zu schaffen, empfehlen wir ein leicht durchführbares Aushilfemittel: wenn die Nutzdauer eines Gegenstandes durch einen Schadenfall verkürzt wird und statt einer Ausbesserung das Mittel des Ersatzes angewendet wird, belaste man, wofern der Restbuchwert des zu ersetzenden Gegenstandes nicht feststeht, nicht die vollen Ersatzkosten dem Anlagen- oder Ersatzkonto, sondern einen Teil davon in Höhe der etwaigen Ausbesserungskosten dem Betriebsunkostenkonto. Das findet seine Berechtigung darin, daß der Ersatz die Ausbesserungsleistung einschließt, diese aber unbedingt den Betriebsunkosten zur Last gefallen wäre. Außerdem ist in diesem Falle selbstverständlich das Anlagekonto vom Endwerte (Altwerte) des ersetzten Gegenstandes zu entlasten. Auf mathematische Genauigkeit kann dieses Hilfsverfahren freilich keinen Anspruch machen, immerhin aber fördert es die Abschlußwahrheit; man könnte es auch durch eine Schätzung des Restbuchwerts, wie er vor Eintritt des Schadenfalles war, ersetzen.

Bei Konzessionsunternehmungen, bei denen eine Übernahme zum Buchwert in Frage kommt, ist natürlich durch ungenaue Buchungsweise, bei der das Anlage- oder Ersatzkonto zu Gunsten der Betriebskosten belastet wird oder belastet bleibt, eine Schädigung des Nachbesitzers möglich. Aber auch, wenn das Gegenteil geschieht, wenn der Unternehmer Ersatz wie Ausbesserungen behandelt und zu Lasten der Betriebsunkosten bucht, oder wenn er zu viel abschreibt oder dem Ersatzkonto gutschreibt, wozu er freilich im allgemeinen nicht neigen wird, wenn ein Besitzwechsel bevorsteht, ist eine Schädigung des Konzessionsgebers nicht ausgeschlossen. In der Regel erhält dieser nämlich eine Abgabe aus dem Betriebsgewinne — mitunter freilich auch aus den Roheinnahmen —, und es ist somit sein Schaden, wenn dieser verkürzt wird.

Es sei noch ein besonderer Fall erwähnt, wo es zulässig ist, Ausbesserungen als Wertzuwachs zu buchen. Beziehen sich die Anschaffungswerte auf gebrauchte, dementsprechend billiger erworbene Gegenstände, so ist die erstmalige Instandsetzung gegenüber dem Anfangszustande — freilich nur diese — eine Aufbesserung, die wie jede Anlagenverbesserung oder Erweiterung das Anlagevermögen erhöht. Diese Buchungsweise von Ausbesserungen rechtfertigt sich auch dadurch, daß, wenn dem Vorbesitzer die Ausbesserung auferlegt worden wäre, der Gegenstand einen entsprechend höheren Ankaufspreis bedungen hätte. Die Sorgfalt eines ordentlichen Geschäftsmannes ist dafür in Anspruch zu nehmen, daß der Sachverhalt so liegt, und daß der gezahlte Preis zuzüglich der Aufbesserungskosten noch entsprechend dem Minderwerte des gebrauchten Gegenstandes niedriger ist als der Preis eines neuen. Wenn man bedenkt, wie oft gebrauchte bauliche und Fabrikanlagen, die vielleicht schon längere Zeit stillgelegen haben, freihändig oder durch Zwangsverkäufe in andere Hände übergehen, und in welchem Umfang ein Gleiches bei Eisenbahnen, Straßenbahnen, Elektrizitätswerken, namentlich auf Grund von Konzessionsverträgen, der Fall ist, wird die Bedeutung dieser Anschauung einleuchten.

Ausbesserungskosten können zeitweilig durch eine vom Hersteller oder Lieferer einer Betriebsanlage übernommene Gewährleistung aufgehoben werden; solche Verpflichtungen sind von der Dauer einiger Monate bis zu mehreren Jahren üblich. Ein schwerer Irrtum aber wäre es, eine solche Gewährleistung als Grund für die Unterlassung von Abschreibungen anzusehen. Davon kann keine Rede sein, weil die Gewährleistung nur vor Ausbesserungskosten — und in der Regel auch nur vor solchen, die auf Stoff, Bauart- oder Arbeitsmängeln beruhen — schützt; Ausbesserungen vermögen aber die allmähliche Entwertung durch Verschleiß nicht auszuschalten.

Läßt sich schon für die Entwertung von Betriebsanlagen durch Benützung und Altern keine zuverlässige Verlaufslinie aufstellen, so ist das für das Ausbesserungserfordernis, das von zahllosen Zufällen abhängt, natürlich ganz ausgeschlossen. Es läßt sich lediglich im allgemeinen sagen, daß gut entworfene und ausgeführte Gegenstände weniger als in dieser Hinsicht minderwertige, schwach beanspruchte weniger als stark gebrauchte und neuere weniger als ältere besonderen Betriebsschäden ausgesetzt sein werden. Auch können besondere chemische oder physikalische Einflüsse, z. B. Säuren oder Erschütterungen, mitwirken. Aus dem ersten dieser Gesichtspunkte folgt, daß die Anschaffung guter, wenn auch teuererer Anlagen sich gegenüber billigeren, aber minderwertigen nicht allein durch die größere Nutzungsdauer, sondern auch durch die Ersparnisse an Ausbesserungen bezahlt macht — eine Straßenweisheit, die doch nicht genug gewürdigt wird. Freilich ist sie, allgemein angewendet, wie alle Straßenweisheiten noch keine Wahrheit: wenn es auch — zumal bei technischen Anlagen — gewiß falsch ist, beim Einkaufen nur auf den Preis zu achten, ist doch auch durchaus nicht immer sicher, daß der teuerste Kauf, selbst wenn er der technisch beste ist, der wirtschaftlichste ist. Die Frage, die der Käufer sich vorzulegen hat, lautet eben richtig nicht nach den Anschaffungspreisen, sondern nach der Wirtschaftlichkeit, also nach dem Verhältnisse der durchschnittlichen Gesamtkosten zur Leistungseinheit. Obwohl diese Frage mit dem Gegenstand unserer Darstellung nur in einem losen Zusammenhange steht, rechtfertigt ihre allgemeine Bedeutung wohl ein Eingehen darauf, und das umsomehr, als es der alltäglichste Widerspruch im wirtschaftlichen Leben ist, daß Käufer den Grundsatz verkünden, nur das Beste kaufen zu wollen, dem Billigsten aber den Vorzug geben. Man sollte sich nie auf den einen oder den anderen dieser äußersten Standpunkte stellen, sondern auf Grund der besonderen Verhältnisse prüfen. Ein häufiges Beispiel ist in der Industrie der Einkauf von Dampfmaschinen; hier kommen tatsächlich Preise für Maschinen von gleicher Zylinderzahl und annähernd gleichen Abmessungen — also gleichen Leistungen bei derselben Umlaufzahl und demselben Überdrucke — vor, die sich wie 1 : 2 verhalten. Nehmen wir einen Fall an, der hinter Wirklichkeitsfällen noch zurückbleibt, daß eine 400 PS-Dampfmaschine mit Dreifachausdehnung von einer erstklassigen Fabrik für 80000 M. und eine unter gleichen Voraussetzungen Gleiches leistende Maschine von einem immerhin auch noch angesehenen Werke für 50000 M. angeboten wird; nehmen wir ferner an, daß die teuerere und bessere Maschine bei der durchschnittlich in Betracht kommenden Leistung 1 kg weniger Dampf für die effektive Pferdestärke verbraucht als die billigere — immerhin bei den Dampfverbrauchziffern derartiger neuzeitlicher Maschinen schon ein erheblicher Unterschied. Wird diese Maschine beispielsweise in einem Elektrizitätsbetriebe mit 1500 Betriebsstunden jährlich und durchschnittlich 80 v. H. Vollbelastung — eine der Wirklichkeit leicht entsprechende Annahme — benützt, so erspart die bessere Maschine bei einer $7\,{}^1/_2$ fachen Verdampfung des Kessels

$$\frac{400 \cdot 0{,}8 \cdot 1500 \cdot 1}{7{,}5 \cdot 1000} = 64 \text{ tons Kohle zum Preise von je 13 M.}$$
$$= 832 \text{ M. jährlich.}$$

Nimmt man weiter bei der teuereren Maschine eine Abschreibungsdauer von 15, bei der billigeren eine solche von 12 Jahren unter Vernachlässigung des Endwerts an — mit Vollausnutzung der Lebensdauer kann vorsichtigerweise bei dem neuzeitlichen Schrittmaße technischer und wirtschaftlicher Entwickelung nicht gerechnet werden, was dem billigeren Gegenstande zugute kommt —, so ergibt das eine jährliche Abschreibung

von $\frac{80000 \text{ M.}}{15} = 5333{,}33$ M. für die teuerere

und $\frac{50000 \text{ M.}}{12} = 4166{,}66$ M. für die billigere Maschine;

trotz Annahme einer längeren Nutzungsdauer sind also hier die Jahreskosten der teuereren Maschine noch immer um einen größeren Betrag, als die Betriebskostenersparnisse ausmachen, höher. Man wird also schon eine weitere Ersparnis an Ausbesserungen annehmen müssen, um die Anschaffung der teuereren und besseren Maschine auch nur als gleich wirtschaftlich ansehen zu können; dann läge aber noch immer kein Grund vor, sie zu kaufen, da eine wesentlich kleinere Geldaufwendung immer noch einen entsprechenden geldwirtschaftlichen Vorteil an sich und wegen der Zinsenersparnis bedeutet. Zwei Umstände sind insbesondere geeignet, ein solches Vergleichsergebnis, wie es im obigen Beispiele gegeben ist, herbeiführen zu helfen. Das eine ist ein allgemeines und liegt in unseren industriellen Verhältnissen begründet, die, wie schon erwähnt, wegen der schnellen Folge neuer Erfindungen und wirtschaftlicher Entwickelungen meist nicht mehr ermöglichen, die volle Nutzungsdauer eines Gegenstandes zu genießen. Besichtigt man heute Werkstätten, die den Anspruch erheben, neuzeitlich eingerichtet zu sein — und ihre Zahl ist groß —, so begegnet man fast nur neueren Maschinen: Werkzeugmaschinen meist amerikanischen Ursprunges oder amerikanischer Bauart, die zum Teil auf eine Stufe der Vollkommenheit gebracht sind, daß sie nicht mehr Maschinen, sondern denkende Wesen zu sein scheinen, Dampfturbinen, Großgasmaschinen, die mit Hochofenabgasen betrieben, Fördermaschinen und Wasserhaltungen in Bergwerken, die elektrisch betätigt werden, Dieselmotoren und anderen neueren und neuesten Errungenschaften. Der Kulturfortschritt hat die Verteuerung der menschlichen Arbeitskraft infolge der höheren Lebenshaltung und den vergrößerten, fast unbegrenzten Wettbewerb und als Folgen hiervon die größere Arbeitsteilung und Massenfabrikation gezeitigt; mit diesen gehen Hand in Hand die neuere Entwickelung des Werkzeugmaschinenbaues, in der folgerichtig Amerika als das Land der höchsten Entlohnung menschlicher Arbeitskraft vorangegangen ist, sowie die Entwickelung der übrigen Technik, insbesondere der Elektrizitätstechnik, der chemischen Technik und des Maschinenbaues. Diese Umstände, unterstützt durch Liebhabereien, die auch in der Technik nicht fehlen, führen zu einem schnellen Wechsel der Arbeitsverfahren und ihrer Hilfsmittel, also auch zur Verkürzung der Nutzungs- und Abschreibungszeiten, was natürlich bei einem Wirtschaftlichkeitsvergleiche den billigeren — niemals den schlechten — Erzeugnissen zugute kommt. Allerdings sprechen neben den leicht abwägbaren Vergleichswerten „Betriebskostenersparnis“ auf der einen und „Abschreibungsersparnis“ auf der andern Seite noch andere, weniger abwägbare mit: die Betriebssicherheit, die schwer ins Gewicht fällt, und die Rücksicht auf den äußeren Eindruck. Das

Streben, Eindruck zu machen, tritt namentlich in baulichen, oft aber auch in maschinellen Anlagen hervor. Das Bedürfnis nach Betriebssicherheit ist natürlich um so größer, je weitreichender oder wichtiger der Einfluß einer Betriebsstörung ist. Dieser Grund wiegt also besonders schwer z. B. bei einer Betriebsdampfmaschine, von der eine ganze Fabrik abhängt, bei Lichtmaschinen, bei großen Verkehrsmitteln, und am schwersten, wenn eine Störung Menschenleben in Gefahr bringen kann, wie bei Eisenbahnen, Schiffen, Bergwerksanlagen.

Aber nicht nur die technische Güte, das Alter und die Beanspruchung eines Gegenstandes bedingen die Häufigkeit und den Umfang der Ausbesserungsbedürfnisse; die Art der Unterhaltung und der Wartung und viele Zufälligkeiten haben eine unberechenbare Bedeutung. Hierin liegt also ein Umstand, der sehr wohl Schwankungen in den Betriebsgewinnen zur Folge haben kann. Berücksichtigt man, mit welchen außerordentlich hohen Ausbesserungskosten manche Betriebe, z. B. elektrische Straßenbahnen, Kraftfuhrwesen und andere Verkehrseinrichtungen, zu rechnen haben, so wird man nicht zweifeln, daß namentlich bei kleineren Unternehmen, wo der Ausgleich in sich geringer ist, erhebliche Gewinnschwankungen durch Ausbesserungen herbeigeführt werden können. Unter solchen Umständen wäre es aus dem kaufmännischen Streben, Gewinnschwankungen vorzubeugen, gerechtfertigt, auf eine gleichmäßige Verteilung der Aufwendungen für Ausbesserungen in den Rechnungsabschlüssen hinzuwirken, wie es den — selbstverständlich anders nicht gut möglichen — Annahmen der Ertragsberechnungen entspricht, und wie es in bezug auf die Abschreibungen auch allgemeine — wenn auch meist nicht durchgeführte — Absicht ist. Das Mittel hierzu wäre die Ansetzung eines echten Rücklagekontos für Ausbesserungen als Abschlußpassivum, dem alljährlich ein erfahrungsmäßiger Durchschnittsatz der Anlagenwerte gutzuschreiben wäre. Die Ausbesserungskosten wären einem solchen Konto, soweit es ausreicht, zu belasten; natürlich aber wäre es rechtlich nicht zulässig, wenn etwa die gemachten Rückstellungen zur Ausgleichung der erforderlichen Aufwendungen nicht ausreichen, umgekehrt den Fehlbetrag durch Aktivvortrag in irgend einer Form auf spätere Jahre, die vielleicht wieder einen Überschuß aus der jährlichen Rückstellung erbringen könnten, verteilen zu wollen.

Es ist übrigens nicht ausgeschlossen, daß bei manchen Gesellschaften infolge ungenauer Handhabung oder Bezeichnung ein im Abschluß aufgeführtes Erneuerungskonto diesem Zwecke dient. Wie falsch und bedenklich das wäre, wenn dieses Konto gemäß seiner gesetzlichen Bestimmung auch die Abschreibungen enthält, also kein Rückstellungskonto, sondern — ganz oder teilweise — ein Wertberichtigungskonto ist, geht aus unseren anderweitigen Darlegungen hervor; selbst aber, wenn es unabhängig von den Abschreibungen eine wirkliche Rücklage für Ausbesserungen darstellen sollte, wäre die Bezeichnung irreführend.

Eine solche Rückstellung für die Unterhaltung der Betriebsanlagen wäre eine Art Selbstversicherung gegen unvorherzusehende Schäden. Etwas Ähnliches, eine Versicherung, jedoch nicht bei sich selbst, sondern beim Liefernden, ist in einigen wenigen Industrien eingeführt. Besonders verbreitet ist dieses Hilfsmittel in bezug auf elektrische Sammleranlagen, weil diese — der einzige seit seinen Gebrauchsanfängen nicht wesentlich fortgeschrittene Zweig der Elektrizitätstechnik — in chemischer und physikalischer Beziehung besonders empfindlich sind und daher sehr leicht ausbesserungsbedürftig werden. Hier ist die Versicherung beim Lieferer stark eingeführt, und da sie zu hohen Sätzen erfolgt, für diesen, wo die Wartung mangelhaft und die Beanspruchung groß ist, auch für den Versichernden vorteilhaft; in den meisten Fällen wäre Selbstversicherung wirtschaftlicher. Bei Behörden, denen es schwer ist, außerordentliche Ausgaben, die im Haushaltsplan nicht vorgesehen sind, zu decken, wie das bei Sammlern nicht selten plötzlich und in erheblichem Umfange nötig wird, ist die Versicherung als vorher feststehende ordentliche Ausgabe — aus diesem verwaltungstechnischen, nicht wirtschaftlichen Grunde — bequem.

Gerade bei dieser Versicherung ist übrigens öfter — auch in Ertragsberechnungen — der Irrtum zu beobachten, als ob durch die Versicherung die Abschreibung unnötig würde. Das ist aber keineswegs der Fall: die auf zehn Jahre übliche Versicherung gewährt als Gegenleistung, daß der Liefernde die versicherte Sammleranlage während zehn Jahren in ordnungsmäßiger Leistungsfähigkeit erhält und die hierzu nötigen Ausbesserungen, wofern sie nicht durch Mängel der Bedienung, höhere oder äußere Gewalt nötig geworden sind, ohne Berechnung ausführt.

Das hindert aber nicht, daß die Anlage im elften Jahr unbrauchbar werden kann, und tatsächlich ist im allgemeinen eine wesentlich längere Lebensdauer als zehn Jahre nicht zu erwarten. Dabei sind sogar in der Regel die Hauptteile der Anlage, die wirksamen Bleiplatten, innerhalb dieser zehn Jahre wenigstens einmal vollständig ersetzt. Die Versicherung ist hier also zum Teil eine Ersatzversicherung und verlängert daher die Abschreibungsdauer; immerhin aber sind neben der etwa 5 v. H. der gesamten Anlagekosten betragenden Versicherung, wie das Gesagte ergibt, annähernd 10 v. H. desselben Wertes jährlich als Abschreibung aufzuwenden. Wird die Versicherung nicht geschlossen, so wird natürlich eine größere Abschreibung erforderlich sein, wofern man nicht auch den von uns als Ersatz gekennzeichneten Teil der durch die Versicherung gedeckten Aufwendungen als Unterhaltungskosten auffaßt und den Betriebskosten belastet.

Diese Erwägungen führen zu der Frage der Ersatzversicherung, die selbständig oder — in Anbetracht der engen Zusammenhänge zwischen Ersatz und Ausbesserung — noch leichter in Verbindung mit der Versicherung gegen Ausbesserungen denkbar ist. Die Versicherung gegen Ausbesserung und Ersatz wird allerdings stets gewisse Schadengruppen, wie sie angedeutet wurden, nicht einschließen; diese werden sich vielmehr teils der Versicherung entziehen, teils werden sie, wie Feuerschäden, besonderen Vereinbarungen vorbehalten bleiben.

Infolge der großen Bedeutung der Ersatz- und Unterhaltskosten der Gummibereifung für die Wirtschaftlichkeit von Kraftfahrzeugen hat sich eine Art Versicherung mit Bezug hierauf herausgebildet: Gummifabriken übernehmen Lieferung und Ersatz der Luftreifen gegen einen festen Satz für den gefahrenen Kilometer.

Es zeigen sich hier wirtschaftstechnische Möglichkeiten mit Bezug auf die Begrenzung der Ersatz- und Unterhaltungskosten, die, zweckentsprechend durchgeführt, namentlich für die Verbreitung kostspieliger und technisch empfindlicher Industrieerzeugnisse, z. B. elektrisch betriebener Kraftfahrzeuge, von Bedeutung werden können.

10. Die steuerrechtliche Behandlung der Abschreibungen[1])

Die Betriebskostennatur, die gewissen Abschreibungen in wirtschaftlicher Beziehung zukommt, wird auch im Steuerrechte grundsätzlich anerkannt; sie werden wie Ausgaben, die zur Erzielung des Einkommens notwendig sind, angesehen und genießen demgemäß Steuerfreiheit. Wie aber überhaupt der handelsrechtliche Rechnungsabschluß und sein Gewinnergebnis zwar als Ausgangspunkt für die Behörde dienen, nicht aber für sie maßgebend sind, so sind auch nicht alle abschlußrechtlichen Abschreibungen steuerlich abzugsfähig.

Nach dem preußischen Einkommensteuergesetze vom 24. 6. 1891, § 14, ist das Einkommen aus Handel und Gewerbe u. a. „nach den Grundsätzen zu berechnen, wie solche für die Inventur und Bilanz durch das Handelsgesetzbuch vorgeschrieben sind und sonst dem Gebrauche eines ordentlichen Kaufmanns entsprechen“. Vorgeschrieben ist aber die Ansetzung des wirklichen Wertes, Unterbewertung ist nur statthaft[2]). Der Zusatz „und sonst dem Gebrauche eines ordentlichen Kaufmanns entsprechen“ bedeutet keine Abweichung vom Gesetze, sondern nur eine Ergänzung; das beweist auch § 14, Abs. 1, Satz 3, der von „Abschreibungen, die einer angemessenen Berücksichtigung der Wertminderung entsprechen“ spricht[3]). Unterbewertung ist aber im steuerrechtlichen Sinne nicht angemessen; Rehm sagt an gleicher Stelle: „ist das Verbot der Unterbewertung öffentlichrechtlicher Natur, dann haben privatrechtlich etwa unanfechtbare Abweichungen von dem Verbote Wirkungen nur in privatrechtlicher, aber nicht in öffentlichrechtlicher Beziehung, d. h. sie binden nur Privatpersonen, nicht aber die Obrigkeit, insbesondere die Steuerveranlagungsorgane“.

---

[1]) Soweit in diesem Artikel Quellenangaben in Frage kommen, konnten sie zumeist auf Rehm, Bilanzen der Aktiengesellschaften, beschränkt werden, weil dieses Werk das maßgebende Schrifttum eingehend berücksichtigt (z. B. Fuisting, Die preuß. direkten Steuern, Fuisting-Strutz, Das preuß. Enkommensteuergesetz, ferner Bugno, Bugno und Widmer, Holdheim, Knappe, Matz, Reisch und Kreibig, sowie die Entscheidungen der Verwaltungsgerichte).

[2]) Rehm, S. 45

[3]) Derselbe, S. 45

Damit dürfte zur Genüge nachgewiesen sein, daß die Steuerbehörde berechtigt ist, zu hohe Abschreibungen als steuerliche Einkommensabzüge zu mindern[1]). Sie ist hierzu sogar verpflichtet, denn das steuerpflichtige Einkommen „ist nach diesen Grundsätzen zu berechnen“[2]). Hieran wird natürlich bezüglich der nicht abzugsfähigen freiwilligen Abschreibungen dadurch nichts geändert, daß sie etwa gleich den notwendigen Abschreibungen schon vor der Reingewinnermittlung, also vom Rohgewinne, abgesetzt werden[3]).

Weiter heißt es in den „allgemeinen Vorschriften“ des Einkommensteuergesetzes über „objektive Steuerpflicht“, § 9, Abs. 1, Ziff. 5: „Von dem Einkommen sind in Abzug zu bringen . . . 5. die regelmäßigen jährlichen Absetzungen für Abnutzung von Gebäuden, Maschinen, Betriebsgerätschaften“ usw., soweit solche nicht bereits unter den Betriebsausgaben verrechnet sind[4]). Gleiches gilt auch im bayerischen und österreichischen Rechte[5]). Demnach ist die Steuerfreiheit auf die „regelmäßigen jährlichen“ und auf die Absetzungen „für Abnutzung“ beschränkt. Also sind nur die ordentlichen notwendigen Abschreibungen steuerfrei, nur die „ursächlich mit dem Betriebe zusammenhängenden Wertminderungen“, und zwar nur die auf den Betrieb des betreffenden Jahres bezüglichen; außerordentliche Abschreibungen hingegen, z. B. wegen Brandschadens und ähnlicher Ursachen, oder solche, die wegen früherer Überbewertung bei Gelegenheit der Wiederaufrichtung eines Unternehmens vorgenommen werden, sind nach Rehm u. a. nicht steuerfrei[6]). Daß unseres Erachtens gerade Rehm zu einem anderen Ergebnisse kommen müßte, wird noch gezeigt werden.

Eine wichtige Frage ist, ob nur die technische Abnutzung oder auch Wertminderungen aus wirtschaftlichen Ursachen, z. B. infolge Änderung der Marktlage oder Veraltens der Bauart,

---

[1]) Siehe auch Blum, Die Abschreibungen und ihre Zulässigkeit als Einkommensabzüge . . ., Annalen des deutschen Reichs, München 1903, S. 32 u. f.

[2]) Rehm, S. 45

[3]) Derselbe, S. 510

[4]) Blum, S. 32

[5]) Rehm, SS. 363/372

[6]) Derselbe, SS. 509/512

steuerlich abziehbar sind. Nach Blum[1]) ist in Preußen nur die wirkliche Abnutzung steuerfrei, wofür er Entscheidungen des preußischen Oberverwaltungsgerichts, und zwar eine solche von 1893 mit Bezug auf wirtschaftliche Wertverringerung an Gebäuden und eine von 1894 betreffend Veralten der Bauart, Sinken des Metallpreises und ähnliche bei Maschinen und Betriebsgeräten vorkommende Wertänderungen, anführt. Auch eine Abschreibung auf Grundstücke wegen Wertminderung am Grund und Boden sei gemäß Entscheidungen von 1893 und 1894 nicht zulässig, wohl aber, und zwar in voller Höhe, wegen Masseverringerung, z. B. bei Bergwerken, Steinbrüchen, Sandgruben (laut Entscheidung von 1896).[2]) Die Höhe der Abschreibung ergibt sich bei solchen Unternehmungen aus dem Verhältnisse des Wertes der Jahresförderung zu dem z. B. im Bergwerk enthaltenen Gesamtwerte[3]). Unter Gesamtwert dürfte der Anschaffungspreis zuzüglich der Aufwendungen für die Erschließung abzüglich des Endwertes nach Aufhören der Abbauwürdigkeit, wenigstens gleich lange Dauer der Gerechtsame vorausgesetzt, zu verstehen sein.

Die hessische Gesetzgebung spricht zwar auch nur von Abschreibungen wegen Abnutzung, nimmt aber auf die Grundsätze ordnungsmäßiger Buchführung Rücksicht. Hieraus schließt Blum, daß es, zumal es bis dahin (1903) an einem bezüglichen Spruche des Verwaltungsgerichtshofes mangelte, immerhin nicht ausgeschlossen sei, auch wirtschaftliche Wertminderungen als abzugsfähig anzusehen[4]). Freilich gilt überhaupt in Hessen die Einschränkung, daß nur bei landwirtschaftlichen und gewerblichen Gebäuden, nicht aber bei Wohngebäuden Abschreibungen zulässig sind[5]). Abschreibungen von Grund und Boden sind in Hessen ebenfalls nicht gestattet[6]). Rehm ist bezüglich des preußischen Gesetzes anderer Meinung: zwar sei nur ein Teil der Abschreibungen als Betriebsaufwendung abzugsfähig, daraus folge aber nicht, daß die anderen ordentlichen not-

[1]) Blum, S. 37
[2]) Derselbe, SS. 37/43
[3]) Rehm, S. 463
[4]) Blum, SS. 37/38
[5]) Derselbe, S. 37
[6]) Derselbe, S. 44

wendigen Abschreibungen überhaupt nicht abzugsfähig seien: vielmehr seien sie Vermögensminderungen und berührten daher den Ertrag überhaupt nicht, wenn sie auch gleich Ertragsminderungen abschlußrechtlich Rohgewinnabzüge seien. Sie seien daher in das steuerpflichtige Einkommen nicht einzubeziehen. Gleiches gelte vom bayerischen Steuerrechte. Das österreichische Personalsteuergesetz führt ausdrücklich neben Abschreibungen wegen Abnutzung solche wegen Entwertung des Inventars als abzugsfähig an[1]). Die von Rehm gegebene Begründung für die Abzugsfähigkeit wirtschaftlicher Entwertung läßt sich auch für die unregelmäßigen technischen Wertminderungen in Anspruch nehmen: auch sie mindern das Anlagevermögen und erst nach ihrer Berücksichtigung ist abschlußrechtlich Ertrag vorhanden. Daß sie zum Teil vielleicht äußerlich mit dem Betriebe zusammenhängen, ändert an dieser Tatsache nichts. Das Steuerrecht steht aber wohl entgegen Rehm fast allgemein — auch bezüglich der wirtschaftlichen Entwertung — auf dem Standpunkte, daß Vermögensminderungen, wenn auch abschlußmäßig, so doch nicht wirtschaftlich Ertragsminderungen und daher vom steuerpflichtigen Einkommen nicht abziehbar sind. Es sei das an einem einfachen Beispiele dargestellt: eine Gesellschaft besitzt 500000 M. 4proz. Staatspapiere, erworben zum Kurse von 110 v. H., der auch beim ersten Abschlusse nicht unterschritten ist. Das Kapital beträgt 550000 M. Die Vermögensrechnung hieraus lautet handelsrechtlich:

Wertpapiere		550000 M.
Zinseneingang		20000 „
	Vermögen	570000 M.
Grundkapital		550000 „
	Gewinn	20000 M.[2])

Im nächsten Jahr ist der Kurs auf 108 % gefallen; der Abschluß lautet demgemäß:

Wertpapiere		540000 M.
Zinseneingang		20000 „
	Vermögen	560000 M.
Grundkapital		550000 „
	Gewinn	10000 M.

[1]) Rehm, S. 517

[2]) Rücklagekonto usw. bleibt der Einfachheit wegen unberücksichtigt.

Der Gewinn ist — abschlußrechtlich — auf die Hälfte zurückgegangen, der Ertrag des Vermögens ist aber 20000 M. geblieben [1]).

Entsprechendes kann natürlich auch bei Vermögensanlagen, die in Gebäuden, Maschinen oder sonstigen Gegenständen bestehen, durch außergewöhnliche Entwertungen eintreten. Rehm folgert nun bei einem Teile dieser, den wirtschaftlichen Wertminderungen, daraus, daß sie den Ertrag nicht berühren, Abzugsfähigkeit. Es ist nicht einzusehen, warum dann nicht Gleiches von unregelmäßigen technischen Entwertungen, die das Vermögen ebenfalls mindern, gelten sollte.

Gerade nach Rehm unterscheiden sich diese unregelmäßigen Abschreibungen von den ordentlichen dadurch, daß die betreffenden Vermögensteile nicht „in die Rohertragsbestandteile übergehen", nicht ursächlich mit dem Betriebe zusammenhängen [2]). Also sind es Vermögensminderungen.

Der steuerliche Standpunkt ist in sich folgerichtig: alles, was nicht den Ertrag unmittelbar mindert, nicht zu seiner Erzielung aufgewendet wird, ist nicht abziehbar. Jedoch wird, soweit die Abschreibungen dem kaufmännischen Brauch entsprechen oder durch besondere Verhältnisse gerechtfertigt sind, Abzug nicht beanstandet [3]). Das besagt auch die Ausführungsanweisung (§ 19) zum preußischen Einkommensteuergesetze. Bezüglich Brandschadens und mancher anderen außerordentlichen Wertminderungen berücksichtigt das Steuerrecht wohl auch, daß es Mittel gibt, z. B. Versicherungen und andere wirtschaftliche oder technische Vorsichtsmaßregeln, um außerordentlichen Verlusten vorzubeugen.

Im Gegensatze zu Rehm sind auch Fuisting bezüglich des preußischen Rechts auf Grund des § 9 des Einkommensteuergesetzes und Klemm bezüglich des bayerischen wegen Art. 10 des Gewerbesteuergesetzes der Meinung, daß nur Abnutzungsabschreibungen steuerlich abziehbar seien; für das preußische Recht folgert Fuisting allerdings aus einer von

---

[1]) Vgl. hinten die abweichende Ansicht der Hamburgischen Steuerbehörde.

[2]) Rehm, S. 511

[3]) Blum, S. 39

Rehm bekämpften Auslegung des § 14 Steuerfreiheit aller ordentlichen Abschreibungen für Vollkaufleute[1]).

Das österreichische Recht beschränkt im übrigen die Abzugsfähigkeit aus Wertminderungen, die durch den laufenden Betrieb verursacht sind, auf Inventar und Betriebsmaterial, schließt also Gebäude und landwirtschaftliche Kulturanlagen aus, läßt aber den Abzug wegen Masseverzehrung (Bergwerke usw.) durch ausdrückliche Bestimmung zu[2]).

Abschreibungen auf lebendes Inventar sind in Preußen steuerlich unzulässig, in Hessen nicht[3]). Der ganze Widersinn des preußischen Standpunktes läßt sich heute daran beleuchten, daß eine Brauerei, die Kraftfahrzeuge benutzt, von diesen Beförderungsmitteln, die den Pferdeersatz einschließen, steuerfreie Abschreibungen machen darf, eine andere, die Pferde benutzt, von diesen nicht.

Das preußische Gesetz beschränkt ferner die Abzugsfähigkeit nach Rehm auf körperliche Gegenstände, weswegen Abschreibungen auf „Rechte (Bergwerkskuxe), Patente, Privilegien, Pachtrechte" und andere — mit unserem Gegenstande nicht in Zusammenhang stehende — Werte nicht abzugsfähig seien[4]). An Bergwerkskuxen hält Fuisting jedoch Abnutzung für möglich[5]).

Das bayerische Gesetz spricht zwar auch von Abnutzung, führt diese aber nur als eine der besonders in Betracht kommenden Betriebsausgaben an, woraus Rehm folgert, daß alle Abschreibungen, die aus dem laufenden Betriebe hervorgehen, also auch wirtschaftliche Entwertungen, abzugsfähig sind[6]).

Ob die Abschreibungen statt Abzuges auf der Vermögenseite des Abschlusses als selbständiger Posten auf der Schuldenseite gebucht werden, ändert natürlich nichts an ihrer Abzugs-

[1]) Fuisting, Steuerlehre § 55 u. a., Fuisting-Strutz, § 9, Anm. 24, Klemm, Ges. üb. die div. Steuern in Bayern, II, Art. 10, Anm. 22 (Rehm, S. 516) u. Fuisting, S. 171 (Rehm, S. 365)

[2]) Rehm, S. 517

[3]) Blum, S. 47

[4]) Rehm, S. 517

[5]) Fuisting, Anm. zu § 9 (nach Rehm, S. 517)

[6]) Rehm, S. 518

fähigkeit, was das österreichische Personalsteuergesetz noch besonders ausspricht[1]).

Zur leichteren Unterscheidung zwischen auch steuerrechtlichen gegenüber nur abschlußrechtlichen Abschreibungen empfiehlt Rehm nach Reisch die Trennung in ein „Konto der steuerfreien Abschreibungen" und ein „Konto der steuerrechtlich nicht abzugsfähigen Abschreibungen" oder Abzug der steuerfreien Abschreibungen auf der Vermögenseite, Ansetzung der anderen als selbständiges Konto auf der Schuldenseite des Abschlusses[2]).

Diese Einrichtung, die — gleich vielen wesentlicheren Vorschlägen zur Verbesserung der zäh am Hergebrachten hängenden kaufmännischen Buchführung — wenig Aussicht auf allgemeinere Einführung hat, ist gewiß zweckdienlich; Rehms Beweis aber dafür, daß sie Doppelbesteuerungen in Verkaufsfällen vorbeuge, ist mißglückt. Rehm gibt nämlich dafür folgendes Beispiel[3]): „Eine Maschine ist 50000 M. wert und auch so von der Steuerbehörde bewertet. Zu Buche steht sie mit 30000 M. Sie wird nun um 50000 M. verkauft. Dies gibt an sich 20000 M. buchmäßigen Gewinn. Aber statt auf Gewinn- und Verlustkonto ist dieser Gewinn zum Ausgleich des „Kontos nicht abzugsfähige Abschreibung 20000 M." zu verwenden. Diese 20000 M. sind schon versteuert, denn sie waren Verwendung von Reinertrag zu Reservefondsbildung".

Hiernach war gebucht:

Soll	Maschinenkonto	Haben
an (Eröffnungs-)Abschlußkonto (wegen einer Maschine) 50000 M.		

Soll	Konto steuerpflichtiger Abschreibungen	Haben
		per (Eröffnungs-)Abschlußkonto (wegen Abschreibung auf eine Maschine) 20000 M.

[1]) Rehm, S. 510
[2]) Derselbe, S. 521
[3]) Derselbe, S. 521

Nach Verkauf steht zu Buche:

Soll	Maschinenkonto	Haben
(lt. voriger Buchung) 50000 M.		per Kontokorrentkonto (Käufer) (wegen Verkaufes einer Maschine) . . 50000 M.

Damit und mit der für uns belanglosen Belastung des Kontokorrentkontos ist der Verkauf an sich endgiltig gebucht; freilich ist jetzt die echte Rücklage von 20000 M. in bezug auf ihre Ursache gegenstandslos geworden. Es steht also, wofern man (mit dem Verfasser) die Rückgängigmachung freiwilliger Abschreibungen für zulässig hält, der Überführung des Betrages in den abschlußmäßigen Reingewinn nichts im Wege. Das geschieht am einfachsten als unmittelbare Abschlußbuchung:

Abschreibungskonto
an Gewinn- und Verlustkonto
wegen Rückgängigmachung einer gegenstandslos gewordenen Abschreibung . . 20000 M.

Damit ist das steuerpflichtige Abschreibungskonto ausgeglichen und sein Wert dem abschlußmäßigen Gewinne zugeführt. Würde die Buchung schon im Laufe des Rechnungsjahres vorgenommen, so würde der Gewinn nicht unmittelbar dem Gewinn- und Verlustkonto, das erst beim Abschluß erscheint, sondern zunächst einem Ertragskonto, dem Gewinn- und Verlustkonto also mittelbar, zugeführt werden; an der Endwirkung änderte sich dadurch nichts. Der Doppelbesteuerungsgefahr ist also nicht vorgebeugt. Rehm sagt hiergegen, die Maschine stehe mit 30000 M. zu Buche; sein Maschinenkonto lautet also:

Soll	Maschinenkonto	Haben
	30000 M.	―――――

Dann ist aber die freiwillige Abschreibung vom Maschinenkonto abgesetzt und gibt es gar kein selbständiges Abschreibungskonto. Wenn es aber eines gäbe (was in Wahrheit nur bei Belastung des Maschinenkontos mit dem Rohbetrage von 50000 M. möglich ist), könnte es natürlich mit 20000 M. nur erkannt sein; um es auszugleichen, bedürfte es also einer Belastung in gleicher Höhe. Nun sagt Rehm weiter, daß die 20000 M. Gewinn wegen der verkauften Maschine „zum Ausgleiche" des Abschreibungskontos „zu verwenden" seien. Wenn somit der Gewinn auf Maschinenkonto, der sich aus den Buchungen

Soll		Maschinenkonto	Haben
Bestand	30000 M.	Verkaufsgutschrift	50000 M.

ergibt, über Abschreibungskonto ausgeglichen werden soll, muß das Maschinenkonto belastet und das Abschreibungskonto erkannt, nicht, wie Rehm annimmt, belastet werden. Stände es also schon vorher mit 20000 M. zu Buche, so hätte es jetzt einen Gesamtwert von 40000 M. Das ist auch selbstverständlich, denn wenn die Maschine mit 30000 M. und das Abschreibungskonto mit 20000 M. zu Buche standen, war die Maschine nur noch mit 10000 M. bewertet, und der Verkauf ergab 40000 M. Gewinn. Das ist aber nicht gemeint; es kommt also nur in Betracht: Belastung des Maschinenkontos mit nur 30000 M. und kein besonderes Abschreibungskonto, oder: Maschinenkonto „soll" 50000 M. und Abschreibungskonto „hat" 20000 M. Jeder Ausgleich führt, wenn man die gewonnenen 20000 M. nicht zu einer Abschreibung oder Rücklage benutzt, mittelbar oder unmittelbar dem Abschlußgewinne 20000 M. zu. Die Rehmschen Vorstellungen sind also irrig[1]). Damit fällt aber nicht die Wirkung der Vermeidung der Doppelbesteuerungsgefahr; denn diese Wirkung beruht nicht auf einem Ausgleiche des steuerpflichtigen Abschreibungskontos, sondern auf der grundsätzlichen Trennung der steuerfreien von den steuerpflichtigen Abschreibungen: jede ordnungsmäßige Belastung des Kontos versteuerter Abschreibungen, die mittelbar oder unmittelbar zugunsten des Gewinn- und Verlustkontos erfolgt, ist ohne weiteres vom steuerpflichtigen Jahreseinkommen abzuziehen.

Werden Abschreibungen als Betriebsunkosten gebucht, so dürfen sie natürlich steuerlich nicht als selbständige Abschreibungen abgezogen werden, denn sie sind dann schon vor-

[1]) Die Verbreitung und anderweitige Bedeutung des Rehmschen Buches, insbesondere seine Benutzung seitens der in Handelssachen tätigen Juristen machen die Aufklärung seiner falschen Vorstellungen von der doppelten Buchführung nötig.

weg mit dem ganzen Betriebsunkostenkonto vom Rohgewinn abgesetzt; es ist eine besondere Vorsicht des preußischen Steuergesetzes, zur Verhütung des Doppelabzuges der Bestimmung wegen der Abschreibungen hinzuzufügen: „soweit solche nicht bereits unter den Betriebsausgaben verrechnet sind". Wenn aber Rehm eine besondere Gefahr des Doppelabzuges für den Fall der Buchung von Abschreibungen als Betriebsunkosten deswegen sieht, weil in diesem Falle die Buchungsweise

Abschreibungskonto
an Maschinenkonto (für den Abschreibungsbetrag)

Betriebsunkostenkonto
an Abschreibungskonto (desgl.)

Gewinn- und Verlustkonto
an Betriebsunkostenkonto (desgl.)

angängig sei[1]), so ist darauf zweierlei zu erwidern: einmal ist es nicht üblich und nicht mit den Grundsätzen ordnungsmäßiger Buchführung zu vereinbaren, Abschreibungen auf Betriebsunkostenkonto zu buchen; sie gehören unmittelbar auf Gewinn- und Verlustkonto. Daß sie wirtschaftlich Betriebskostennatur haben (nach Rehm sogar nur, soweit sie regelmäßiger technischer Abnutzung entspringen[2]), weswegen nach Rehm also auch nur für einen Teil der notwendigen Abschreibungen diese Buchungsweise angängig sein könnte), ändert nichts daran, wie sie abschlußmäßig ordentlich zu behandeln sind. Auch ist es selbst bei Gesellschaften, die Ersatzkosten auf Betriebskostenkonto verbuchen, nicht üblich, mit den Abschreibungen ebenso zu verfahren. Wenn es aber geschähe, so widerspräche die angegebene Buchungsweise kaufmännischem Brauche; man würde dann einfach buchen:

Betriebsunkostenkonto
an Maschinenkonto

und beim Abschlusse

Gewinn- und Verlustkonto
an (gesamtes) Betriebsunkostenkonto.

---

[1]) Rehm, S. 519

[2]) Derselbe, S. 513 u. a. O

Denn die kaufmännische Buchführung strebt, wie Rehm an anderer Stelle sagt, „nach möglichster Einfachheit“ und faßt nur den wirtschaftlichen „Endeffekt ins Auge“ [1]). Es würde also hier nicht einmal ein ausgeglichenes Abschreibungskonto in den Büchern erscheinen und auf Grund dieser wenigstens keine Doppelabzugsgefahr vorliegen; gegen den Versuch eines Betruges freilich gibt es kein Mittel.

Aus dem Gesagten ergibt sich bereits, daß innerhalb der besprochenen Rechtsgebiete die echten Gewinnrücklagen nicht abzugsfähig sind; das gilt natürlich, wie von den versteckten, so auch von den offenen. Für Preußen sind Beträge, die zur Bildung von „Reservefonds“ dienen, nach § 16, für Hessen nach § 2 des Einkommensteuergesetzes als steuerpflichtig erklärt [2]). Die Begründung liegt sehr nahe: Gewinnrücklagen sind Abzüge lediglich mit Bezug auf den verteilbaren Überschuß, wirtschaftlich aber nicht Verlust, sondern Gewinn, Reineinkommen, also steuerpflichtig. Die Begründung von Blum [3]), Rücklagen seien zum Teil Ersatz für unterbleibende außerordentliche Abschreibungen und daher steuerpflichtig, weil außerordentliche Abschreibungen auch steuerpflichtig seien, verkehrt die Sachlage. Die Steuerpflicht der echten Rücklagen ist selbstverständlich, und aus ihr folgt — umgekehrt wie in dem Gedankengange von Blum — die Steuerpflicht gewisser Abschreibungen, zwar nicht der außerordentlichen, aber der freiwilligen.

Während die Steuerpflicht der durch Überabschreibung gebildeten stillen Rücklagen auch vom preußischen Oberverwaltungsgericht bestätigt wird, ist Fuisting entgegengesetzter Ansicht, weil die Vorbedingung für die Steuerpflicht „Verwendung von Überschüssen zur Bildung von Reservefonds“ nicht erfüllt sei [4]). Nach unserer Ansicht liegt hier jedoch eine Verwendung von Überschüssen, wenn auch nicht von abschlußmäßig ausgewiesenen, zu einer echten, wenn auch stillen, und wenn auch nicht zu einer abschlußrechtlichen, so doch zu einer wirtschaftlichen und daher steuerlichen Rücklage vor. Rehm ist bezüglich der vor Rechnungsabschluß gebildeten stillen

---

[1]) Rehm, S. 454
[2]) Blum, S. 39
[3]) Derselbe, SS. 38/39
[4]) Fuisting, Anm. zu § 16, Rehm, S. 33

Rücklagen mit Fuisting der Ansicht, daß sie keine „Reservefonds“ seien, weil die Vorbedingungen für solche „das Auftreten als selbständiger Posten“ und „die Verwendung von abschlußmäßigem Überschusse“ nicht erfüllt seien; an beiden mangele es bei der Überabschreibung in Form zu geringen Wertansatzes, an der zweiten bei zu hoher Ansetzung selbständiger Abschreibungs- oder Erneuerungskonten, wenn sie vor Gewinnfeststellung, nicht aus Abschlußgewinn, gebildet würden. Rehm folgert jedoch deshalb nicht Steuerfreiheit, sondern begründet nur die Steuerpflicht anders: es handele sich um Abschreibungen, aber nicht um Abschreibungen wegen Wertminderung, und nur solche — nicht einmal alle — seien steuerfrei[1]). Mag man dieser Kennzeichnung der versteckten Rücklagen zustimmen oder nicht, der gezogene Schluß ist jedenfalls folgerichtig.

Kein Zweifel über ihre Natur als „Reservefonds“ besteht bezüglich der stillen Rücklagen, die nach Feststellung des Reingewinnes bei der Gewinnverteilung als Sonderabschreibungen in unselbständiger oder selbständiger Form beschlossen werden; hier ist also auch bei Fuisting kein Zweifel an der Steuerpflicht[2]).

Gleiches folgert Rehm aus dem bayerischen Gewerbesteuergesetz, weil dieses „Verwendung zu Kapitalanlagen“, also zur „Vermögensschaffung“, für nicht abzugsfähig erkläre und die Verwendung von nicht abschlußmäßigem Erträgnisse zu freiwilligen Abschreibungen „Verwandlung von gewerblichem Vermögen in Erträgnis“ sei[3]).

Das Gleiche ergibt sich ferner deutlich aus dem österreichischen Gesetze[4]).

Es kommt auch vor, daß Rücklagen — die es auch handelsrechtlich sind — vor Rechnungsabschluß angesetzt werden, nicht erst aus dem Abschlußreingewinn. Nach österreichischem Rechte sind sie ausdrücklich steuerpflichtig, nach preußischem und bayerischem wäre — nach Rehm — ein Zweifel möglich,

---

[1]) Rehm, S. 632

[2]) Fuisting, ebenso Ausführungsanweisung zum preuß. Ein.-St.-G. v. 1900, nach Rehm, SS. 633/4

[3]) Rehm, S. 634

[4]) Derselbe, S. 634

weil die betreffenden Gesetze unter Überschüssen abschlußmäßige Überschüsse verständen; da die Bildung solcher Rücklagen vor Reingewinnfeststellung aber unvorschriftsmäßig wäre (wenn sie auch durch Generalversammlungsbeschluß giltig werden kann), könnte der Gesetzessinn dadurch nicht geändert werden [1]).

Einige Reingewinnrücklagen für Angestellten- und Wohlfahrtszwecke und Sonderrücklagen für Kursverluste aus unverwirklichtem Kursgewinne — diese jedoch nur bei Sparkassen, Versicherungsanstalten und gewissen Genossenschaften — sind in Österreich steuerfrei [2]).

Werden Reingewinnrücklagen dem Abschlußgewinne zugeführt, wie an einem Falle schon dargestellt wurde, so wird eine nochmalige Versteuerung natürlich nicht erforderlich; im österreichischen Gesetze ist das sogar besonders ausgesprochen [3]).

Anders verhält es sich mit Rücklagen aus Stammvermögen; diese stammen nicht aus dem Ertrage und gehören deshalb nicht zum steuerpflichtigen Einkommen. Das gilt beispielsweise von Rücklagen aus Aktienaufgeld, aus Zuzahlungen auf Aktien ohne Grundkapitalerhöhung, mithin auch nicht von dem Zwangsrücklagekonto, soweit es — entsprechend den gesetzlichen Bestimmungen — aus den beiden vorgenannten Quellen stammt [4]). Das entspricht dem Grundgedanken der hier behandelten Steuerrechte, den Rehm mit den Worten ausspricht: „Steuerpflichtig ist nur der (Rein-)Ertrag, das Reineinkommen der Aktiengesellschaft, nicht die Stammvermögensmehrung; der Betriebsüberschuß, nicht der bilanzmäßige Überschuß“ [5]).

Somit ist auch die Grundkapitalerhöhung nicht steuerpflichtig; steuerpflichtig hingegen sind Beträge aus Ertrag — gleichgiltig, ob vom abschlußmäßigen Reingewinn oder schon vorher gekürzt, — die zur Grundkapitaltilgung oder zur Bildung von Tilgungskonten dienen; das besagen auch § 16 des preußischen, Art. 10 des bayerischen und § 94 des österreichischen

[1]) Rehm, SS. 635/6
[2]) Derselbe, SS. 637/8
[3]) Derselbe, SS. 641/2
[4]) Derselbe, SS. 630/1
[5]) Derselbe, SS. 459/460

Gesetzes[1]). Abzugsfähig sind nach § 9 des preußischen Gesetzes Verwendungen zu Kapitalabtragungen nur, wenn sie „lediglich als durch eine gute Wirtschaft gebotene und aus den Betriebseinnahmen zu deckende Ausgaben anzusehen sind"; die zweite Vorbedingung ist, wie wir bei unseren Betrachtungen über die Kapitaltilgung gezeigt haben, weder bei der Grundkapitalherabsetzung noch bei der Aktieneinziehung wirtschaftliches Erfordernis[2]).

Entsteht aus einer Kapitalherabsetzung, die größer ist als ein zu tilgender Unterabschluß, oder aus einem Aktienrückkauf unter Nennwert abschlußmäßiger Gewinn, so ist dieser doch nicht steuerpflichtig, denn er rührt aus Vermögen, nicht aus Ertrag her; er ist also abzuziehen[3]). Bezüglich der Wertminderung durch Heimfallast steht fest, daß sie nicht steuerpflichtig ist; entsprechend den verschiedenen Anschauungen über die Natur der Heimfallast geht die Begründung hierfür auseinander, aber das Ergebnis ist gleich. Zwar als echte steuerrechtliche Abschreibung sieht auch Fuisting die Heimfallast nicht an, sondern nur als abschlußrechtliche; gemäß seiner Auslegung von § 14 des preußischen Einkommensteuergesetzes, der neben den steuerlichen Abschlußgrundlagen die handelsrechtlichen anerkennt, sei diesen jedoch steuerrechtlich auch Rechnung zu tragen[4]). Rehm wendet hingegen mit Recht ein, daß steuerrechtliche und abschlußrechtliche Abschreibungen — wie wir gesehen haben — nicht dasselbe sind, und daß die handelsrechtlichen Abschlußgrundlagen nur in zweiter Reihe, also nur soweit steuerliche Geltung haben, als sie die besonderen steuerrechtlichen Maßgaben ergänzen, nicht aber ihnen widersprechen[5]). Ungezwungener als bei Fuisting ließe sich aus unserer an anderer Stelle gegebenen Erklärung des Begriffes Betriebswert die Abzugsfähigkeit der Abschreibung wegen Heimfalles folgern; dem entspricht auch eine Entscheidung des preußischen Oberverwaltungsgerichts in Steuersachen, die sich auf herausgabepflichtige Anlagen bezieht und Abschreibungen

[1]) Rehm, S. 461.
[2]) S. auch Rehm, S. 461
[3]) Rehm, S. 462
[4]) Fuisting, Grundzüge der Steuerlehre 176, nach Rehm, S. 465
[5]) Rehm, S. 465 und S. 365

wegen der besonderen subjektiven Wertminderungen als zulässig erklärt [1]).

Rehm kommt aus seiner anderen Ortes wiedergegebenen Auffassung der Heimfallast als Schuld zu dem gleichen Schlusse wie wir. Er leitet die Steuerfreiheit des Wertes der Heimfallast daraus ab, daß diese gar nicht den Ertrag, sondern nur das Vermögen berühre; vor Abzug der Heimfallschuld sei überhaupt kein abschlußmäßiger Reingewinn vorhanden [2]).

Die österreichischen Behörden erklären das selbständige Heimfallkonto für steuerpflichtig, weswegen die betroffenen Gesellschaften die Abschreibungsform vorziehen; daß diese äußerliche Unterscheidung vom maßgebenden wirtschaftlichen Standpunkte folgeunrichtig ist, betont Rehm mit Recht [3]).

Steuerpflichtig, wenn selbst buchmäßig als Betriebsausgabe behandelt, ist selbstverständlich Ertrag, der zu Ersatzanschaffungen benützt wird; denn er stellt keine Betriebskosten, sondern eine Vermögensausgabe dar [4]). Das besagt auch § 9 des preußischen Einkommensteuergesetzes, der Einkommensverwendung u. a. „zur Verbesserung oder Vermehrung des Vermögens", „welche nicht lediglich als durch eine gute Wirtschaft gebotene und aus den Betriebseinnahmen zu deckende Ausgaben anzusehen sind" als steuerpflichtig erklärt. Ersatzanschaffungen haben aber wie Neuanschaffungen zweifellos nicht die Natur von Betriebskosten, sondern von Anlagevermögen. Den Abschlußgewinn berühren sie natürlich überhaupt nur, wenn sie statt zu Lasten eines Anlage- oder Ersatzkontos, was ordnungsmäßig ist, auf Betriebsunkostenkonto verbucht werden; für die Steuerveranlagung ist eine solche Nichtbewertung aber ebensowenig maßgebend wie jede andere Unterbewertung. Entsprechende Bestimmungen enthalten auch das bayerische und das österreichische Gesetz [5]).

Rehm [6]) bespricht auch den Fall, daß Unternehmungen notwendige Abschreibungen unterlassen, dafür aber Ersatzankäufe

---

[1]) Entsch.: Steuers. V 42, nach Rehm, S. 455
[2]) Rehm, SS. 464—466
[3]) Derselbe, S. 468
[4]) S. auch Rehm, S. 522 ff. und Fuisting, Steuerlehre 194
[5]) Rehm, S. 523
[6]) Derselbe, S. 52 ff.

dem Betriebsunkostenkonto belasten. An sich zulässig ist das natürlich nur, wenn die Ersatzkosten wenigstens die Höhe der notwendigen Abschreibungen erreichen; unklar ist es in jedem Falle. Wenn Rehm übrigens sagt, die Praxis nenne eine solche Buchungsweise Verwendung von Abschreibungsbeträgen zu Ersatzbeschaffungen [1]), so trifft das — allgemein wenigstens — nicht zu. Dieser Ausdruck kann in erster Reihe nur die Belastung des Abschreibungs- und Ersatzkontos mit Ersatzkosten, wobei Abschreibungen nicht unterbleiben und ein Betriebskonto nicht berührt wird, bedeuten. Es handelt sich bei dem gemeinten Verfahren vielmehr um Verwendung von Ertrag zu Ersatzbeschaffungen, während Abschreibungen umlaufend gewordenes Anlagevermögen bedeuten. Das Verfahren der Belastung des Ersatzkontos mit Ersatzbeschaffungen hat keine andere Abschlußwirkung als die Belastung eines Anlagekontos und ist, was die Form anlangt, innerhalb der bei Besprechung des Ersatzkontos von uns bezeichneten Grenzen sogar angebracht. Das von Rehm gemeinte Verfahren ist hingegen nach jeder Richtung hin abzulehnen; es erscheint uns — entgegen Rehms Ansicht [2]) — sowohl handelsrechtlich wie kaufmännisch und wirtschaftlich falsch, weil es nicht nur in der Form unklar, sondern auch in der Sache unwahr ist, da sich notwendige Wertminderungsabschreibung und Ersatzkosten im Gebrauche nie decken.

Wenn Rehm [3]) dieses Verfahren zum Teil damit erklärt, daß sich der Abschätzung der Entwertung in gewissen Fällen, z. B. bei den Pferden einer Pferdebahn-Gesellschaft und bei den Betriebsgerätschaften einer Maschinenfabrik, Schwierigkeiten in den Weg stellen, so ist darauf zweierlei zu erwidern: im allgemeinen ist dieser Grund kein Rechtsgrund; ist die Abschätzung schwierig, so muß sie trotzdem, so gut wie es dem sachkundigen und vorsichtigen Geschäftsmanne möglich ist, vorgenommen werden. Die Schwierigkeit kann nur erweisen helfen, daß einem etwaigen Fehler keine strafbare Fahrlässigkeit oder gar betrügerische Absicht zugrunde liegt. Auch ist bei

---

1) Rehm, SS. 524/525

2) Derselbe, S. 507

3) Derselbe, S. 526, S. 507, auch nach Rehm-Fuisting, Steuerlehre 144

dem heutigen Stande der technischen und wirtschaftlichen Erfahrung diese Schwierigkeit nicht in erheblichem Maße vorhanden. Im besonderen besteht sie in den als Beispiele angeführten Fällen nicht, denn bezüglich der Nutzungsdauer von Straßenbahnpferden und von Geräten bei Maschinenfabriken gibt es nahezu beliebig viele Vorbilder. Wenn Rehm weiter sagt: „es kann daher vorkommen, daß bei solchen Betrieben Wertabschreibungen unterbleiben, will man nicht nach einem Durchschnittssatze an allen einzelnen Stücken gleichmäßig abschreiben," so liegt dem eine der Wirklichkeit durchaus fremde, also keineswegs beweisfördernde Vorstellung zugrunde: es gibt im Gebrauch überhaupt keine Abschreibung an einzelnen Stücken, sondern nur Absetzung von Durchschnittsätzen an Sammelkonten; anderes wäre undurchführbar.

Steuerlich ist es, wenn Ersatzanschaffungen als Unkosten verbucht werden und Abschreibungen unterbleiben, nur billig, daß Ersatzanschaffungen — aber nur in Höhe der unterlassenen Abschreibungen — steuerfrei bleiben; vorausgesetzt ist selbstverständlich, daß die Abschreibungen nicht nur im handelsrechtlichen, sondern auch im steuerlichen Abschluß unterbleiben. Beide decken sich bekanntlich nicht, und die handelsrechtliche Unterlassung von Abschreibungen bedeutet grundsätzlich nach Rehm nicht den Verzicht auf den entsprechenden Steuerabzug[1]).

Das österreichische Gesetz sieht auch diesen Fall der Ersatzbeschaffung besonders vor und entscheidet ihn im angegebenen Sinne[2]). Auch das bayerische Gesetz sieht Kosten „zur Ergänzung des vorhandenen lebenden oder toten Betriebsinventars" als Betriebsausgaben an[3]).

Im Gegensatz zum Ersatze haben, wie wir an besonderer Stelle näher ausgeführt haben, die Aufwendungen für Ausbesserungen wirtschaftlich und abschlußrechtlich grundsätzlich die Natur von Betriebskosten[4]). Dem entspricht auch die steuerrechtliche Abzugsfähigkeit solcher Ausgaben. Allerdings

---

[1]) Rehm, S. 524
[2]) Derselbe, S. 525
[3]) Derselbe, S. 526
[4]) Siehe auch Rehm, S. 528 u. f.

behaupten Reisch und Kreibig[1]), daß „größere Reparaturen und Wiederherstellungskosten" werterhöhend wirken und daher als Vermögenszuwachs, nicht als Betriebskosten anzusehen seien. Hierin liegt aber eine von der unseren abweichende Auslegung des Begriffes „Reparatur", die darauf zurückzuführen ist, daß, wie anderen Orts dargelegt ist, Ausbesserungsarbeiten oft mit Leistungen für Ersatz oder Verbesserung verquickt sind. Ist das der Fall, so müssen solche Aufwendungen eben entsprechend auf Anlage- und Betriebskosten verteilt werden, wenn der Abschluß genau werden soll. Jedenfalls sind steuerrechtlich natürlich nur die Kosten der reinen Ausbesserung, die höchstens den Zustand vor Eintritt der Notwendigkeit der Ausbesserung wiederherstellt, abziehbar.

Weiter geht in der Auffassung des Begriffes „Reparatur" Rehm[2]), der unter „Erhaltung, Instandhaltung" auch die Zurückführung in den ursprünglichen Zustand der Ertragsfähigkeit, in dem der Betriebsinhaber die Anlagen übernahm, versteht. Wir müssen hiergegen auf unsere anderen Orts gegebene Erklärung des Begriffes Unterhaltung zurückgreifen; soweit dieser die regelmäßigen, laufenden Leistungen bedeutet, die zur Aufrechterhaltung der Betriebsfähigkeit nötig und bei Anwendung der üblichen Abschreibungsätze vorausgesetzt sind, handelt es sich um zweifellose Betriebskosten. Gleiches gilt von den Ausbesserungskosten bis zur Erreichung eines Zustandes, wie er vor Eintritt des Ausbesserungsbedürfnisses herrschte. Was darüber hinausgeht und einen früheren oder gar ursprünglichen Zustand herstellt, beseitigt wieder die Wirkung von Abnützungen, die in steuerlich abzugsfähigen Abschreibungen ihren Ausdruck gefunden haben; die Kosten der Abnutzungsbeseitigung abziehen, hieße also einen doppelten Abzug aus demselben Grunde machen, und das ist unzulässig. Ausbesserungen, die mehr als die Beseitigung ihrer unmittelbaren außerordentlichen Ursache leisten können wohl technisch als Ausbesserungen aufgefaßt werden, wirtschaftlich aber sind sie Verbesserungen, und zwar gegenüber dem nach Abzug der notwendigen Abschreibungen durch den Buchwert dargestellten maßgebenden Zu-

---

[1]) Nach Rehm, SS. 508 u. 529

[2]) S. 529

stande; als Buchwert kommt hierbei natürlich der gesetzliche, nicht ein etwa freiwillig herabgesetzter in Frage.

Darin aber hat Rehm[1]) Recht, daß es an sich gleichgiltig sein muß, ob die Ausbesserung klein oder groß ist. Die Vollzugsvorschrift zum österreichischen Personalsteuergesetz allerdings stellt sich auf einen einschränkenden Standpunkt, indem sie nur die „laufenden Reparatur- und Erhaltungskosten“ als abzugsfähig ansieht[2]). Auch Fuisting[3]) meint, daß eine infolge langer Vernachlässigung nötig werdende besonders große Ausbesserung nicht mehr als Instandhaltung anzusehen sei, was Rehm grundsätzlich bestreitet. Wir möchten uns hier auf den Standpunkt stellen, daß die steuerliche Abzugszulässigkeit billigerweise an die Voraussetzung einer haushälterisch verständigen Wirtschaftsweise geknüpft ist: kostet die große, einmalige Ausbesserung wesentlich mehr als die einzelnen abzugsfähigen Beträge bei ordnungsmäßiger Unterhaltung insgesamt ergeben hätten, so hat die Steuerbehörde keinen Grund, sich wegen des Verschuldens des Steuerzahlers einen größeren als den ordnungsmäßigen Abzug gefallen zu lassen.

Über die Höhe der als Abzüge vom steuerpflichtigen Einkommen zulässigen Abschreibungen gibt es naturgemäß keine Rechtsnormen, weil die Abnützung auch gleichartiger Aktiva allzuverschieden ist. Blum führt an, daß bei Gebäuden am häufigsten Abschreibungen von $^1/_2$ bis 1 v. H. vom Feuerversicherungswerte vorkommen, in besonderen Fällen aber, z. B. bei Gerbereigebäuden, in Ansehung der Verhältnisse bis zu 5 v. H. als zulässig erachtet worden sind. Bei Maschinen spricht er von durchschnittlich 10 v. H. als dem gegenüber der Steuerbehörde am häufigsten angewendeten Satze; mitunter kämen auch 8 v. H., vereinzelt 4 v. H. vor. Sicherlich lassen sich unter entsprechenden Voraussetzungen auch höhere Sätze vertreten. So ist bei Werkzeugen wegen der neuzeitlichen Arbeitsverfahren, besonders der großen Lauf- und Drehgeschwindigkeiten bei Werkzeugmaschinen, an Modellen wegen der durch den schnellen technischen Fortschritt bedingten häufigen Änderungen der Bau-

[1]) S. 529
[2]) S. 529
[3]) Fuisting § 9 Anm. 9, nach Rehm, S. 529.

art und bei anderen Betriebsgegenständen und Anlagen aus anderen Ursachen eine Abschreibung bis zu 25 v. H., mitunter eine noch größere, als gesetzlich notwendig zu betrachten.

Angesichts des Steuerpartikularismus der deutschen Bundesstaaten und der Vielseitigkeit des Stoffes lag eine erschöpfende Behandlung der Steuerfragen bei Abschreibungen nicht im Rahmen dieser Veröffentlichung. Durch Besprechung der grundsätzlich wichtigsten Einzelfragen, der kennzeichnendsten Standpunkte und der wesentlichsten Bestimmungen dürften aber dem Praktiker ausreichende Anhaltspunkte gegeben sein, seinen steuerrechtlichen Standpunkt bezüglich der Abschreibungen zu wahren. Zur Vervollständigung dieser Darlegungen und zur Erlangung authentischer Äußerungen sind die Steuerbehörden einer Reihe wichtiger Bundesstaaten (Preußen, Bayern, Sachsen, Württemberg, Hamburg) um Beantwortung einer Anzahl Fragen angegangen worden. Wenn die Ausbeute auch nur mäßig war, sind die Antworten doch in mehrfacher Hinsicht bemerkenswert genug, um hier niedergelegt zu werden.

Die preußische Verwaltung schob die Anfrage von einer Stelle zur anderen und antwortete schließlich, daß „Auskünfte über steuerrechtliche Fragen rein theoretischer Natur grundsätzlich abgelehnt werden". Verwiesen wurde auf

Fuisting, Grundzüge der Steuerlehre, §§ 55, 56, 71,

Aufsatz von von Wilmowski im Verwaltungsarchiv, Bd. 3, S. 366,

Kommentar von von Wilmowski zum Preußischen Einkommensteuergesetz, Anm. 12 zu § 9,

Abhandlung von Friedberg im Verwaltungsarchiv, Bd. 9, S. 1 u. f., und

Fuisting, Kommentar zum Einkommensteuergesetz, 7. Auflage, Berlin 1907.

Die sächsische Verwaltung verwies auf folgendes Fachschrifttum:

Mitteilungen aus der Verwaltung der direkten Steuern im Königreiche Sachsen, herausgegeben vom Königlich Sächsischen Finanzministerium, Dresden,

Dr. Wachler, das Königlich Sächsische Einkommensteuergesetz vom 24. Juli 1900 usw., Leipzig 1903,

Just, das Königlich Sächsische Ergänzungssteuergesetz vom 2. Juli 1902, Leipzig 1903,

Hasche, Königlich Sächsisches Einkommensteuergesetz, Leipzig 1904.

Das Königlich Württembergische Steuerkollegium, Abteilung für direkte Steuern, antwortete durch freundliche Zusendung von

1 Exemplar des württembergischen Einkommensteuergesetzes vom 8. August 1903,

sowie der hierzu ergangenen Vollzugsbestimmungen (Verfügung des K. Finanzministeriums vom 9. Juni 1904 und Ausführungsanweisung des Steuerkollegiums, Abteilung für direkte Steuern, vom 14. Juni 1904)

und verwies ferner auf

den Kommentar vom Ministerialrat Dr. Th. Pistorius, 2. Aufl., Ravensburg 1905, und

den Kommentar vom Geheimen Rat Dr. K. Göz (Tübingen 1908.)

Hamburg, das sich auch in Steuersachen durch das dem Bürger entgegengebrachte Vertrauen und sachliche Entgegenkommen auszeichnet, antwortete durch die Steuerdeputation folgendes:

„Auf die Anfrage vom 2. d. Mts. benachrichtige ich Sie, daß in Übereinstimmung mit dem beifolgenden Gesetze vom 2. Februar 1903 die Berechnung des steuerpflichtigen Einkommens der von Ihnen erwähnten Betriebe (bezw. ihrer Inhaber) auf der Grundlage der Bilanz erfolgt, wie solche nach §§ 39 ff. des Handelsgesetzbuches vom 10. Mai 1897 aufzustellen ist. Die Steuerdeputation enthält sich im allgemeinen, wenn nicht besondere Anhaltspunkte für eine Beanstandung gegeben sind, eines Urteils darüber, ob Abschreibungen und in welcher Höhe sie vorzunehmen sind[1]).

Hierdurch erledigt sich der größere Teil Ihrer Fragen, zu denen ich im einzelnen folgendes bemerke:

---

[1]) Dieser Standpunkt ist kennzeichnend für fiskalisches Entgegenkommen, dürfte aber dem berechtigten Steuerinteresse des Staates kaum voll gerecht werden.

Zu 6 (Frage: Sind überhaupt Vermögensminderungen oder nur Ertragsminderungen abzugsfähig? Wenn z. B. eine Bilanz lautet:

1. Jahr, Aktiva

500 Aktien, nom. je 1000 M., zum Kurse von 110	550000 M.
verdiente Dividende	20000 „
zusammen	570000 M.
Passiva	550000 „
Überschuß	20000 M.,

hingegen 2. Jahr, Aktiva

500 Aktien, wie vor, zum Kurse von 108 . . .	540000 M.
verdiente Dividende	20000 „
zusammen	560000 M.
Passiva	550000 „
Überschuß	10000 M.,

sind dann im 2. Jahre 20000 M., wie im ersten Jahre, oder nur 10000 M. steuerpflichtig?)

Antwort: im Falle des zweiten Jahres sind 10000 M. steuerpflichtig[1]).

Zu 10, 11, 12: (Frage 10: Sind Gewinnrücklagen und freiwillige [über das gesetzlich Notwendige hinausgehende] Abschreibungen abzugsfähig? Sind sie es etwa dann, wenn sie vor Feststellung des Reingewinns abgezogen werden, also nicht aus dem abschlußmäßigen Reingewinn herrühren?)

(Frage 11: Wird überhaupt nur abschlußmäßiger Überschuß als steuerpflichtiges Einkommen angesehen?)

(Frage 12: Sind Sonderabschreibungen, die nach der Reingewinnfeststellung bei der Gewinnverteilung beschlossen werden, steuerfrei?)

Antwort: Reingewinn wird als vorliegend erst dann angenommen, wenn sämtliche Abschreibungen vorgenommen sind[2]).

Zu 13 (Frage: Sind bestimmte Gewinnrücklagen, wie z. B. in Österreich die für Wohlfahrtszwecke, für unverwirklichte Kursverluste bei Sparkassen, steuerfrei?)

---

[1]) Anderweitig hält man in diesem Falle 20000 M. für steuerpflichtig (vgl. auch die Antwort der bayerischen Behörde).

[2]) Zeigt den gleichen Mangel an Kritik des Abschlusses, da die fraglichen Abschreibungen echte Rücklagen (Gewinn) sind.

Antwort: Rücklagen für Wohlfahrts- pp. -Zwecke werden nicht besteuert.

Zu 14 (Frage: Werden Rücklagen wieder in den Gewinn übergeführt, so sind sie natürlich nicht nochmals zu versteuern?)

Antwort: Dividendenverteilungen aus einer bereits versteuerten Reserve werden nicht nochmals besteuert.

Zu 15 (Frage: Sind Rücklagen aus Stammvermögen, nicht aus Ertrag, z. B. aus Aktienaufgeld, steuerfrei?)

Antwort: Agiogewinn ist steuerpflichtig.

Zu 16 und 19 (Frage 16: Ist überhaupt der Grundsatz, daß nur Ertrag, nicht auch Überschuß aus Vermögen steuerpflichtig ist, anerkannt? Ist demnach z. B. Zuzahlung auf Aktien, Überschuß aus Kapitalherabsetzungen und Ähnliches steuerfrei?)

(Frage 19: Sind Ausbesserungen [Reparaturen] in jedem Falle und in jedem Umfange steuerfrei?)

Antwort: Bejahend zu beantworten.

Zu 18 (Frage: Sind Ersatzanschaffungen aus Reingewinn, auch bei Verbuchung als Betriebsausgaben, steuerpflichtig?)

Antwort: Im allgemeinen mit „Nein“ zu beantworten. —

Nur das Königliche Stadtrentamt München III unterzog sich in dankenswertester Weise der Mühe, sämtliche Fragen, wie folgt, zu beantworten:

Zu Ziff. 1 (Frage: Sind die gesetzlich nötigen und kaufmännisch üblichen Abschreibungen an Betriebsanlagen und Betriebsgegenständen industrieller Unternehmen vom steuerpflichtigen Einkommen abziehbar?)

Antwort: Maßgebend für die Berechnung des steuerpflichtigen Ertrages eines Gewerbes und die Bemessung der zulässigen Abschreibungen an Betriebsanlagen und Gegenständen industrieller Unternehmungen ist Art. 10 des bayerischen Gewerbesteuer-Gesetzes vom 9. Juni 1899, dessen Wortlaut aus dem anliegenden Abdrucke ersichtlich ist.

Zu Ziff. 2 (Frage: Bestehen Vorschriften über die Abschreibungsweise, z. B. betreffend Anwendung der Zinseszinsrechnung?)

Antwort: Vorschriften über die Abschreibungsweise bestehen nicht. Ob der Betrag der Abschreibung angemessen ist, bleibt im einzelnen Falle der Prüfung und Würdigung der Einsteuerungsorgane — event. nach Einvernahme von Sachverständigen — vorbehalten.

Zu Ziff. 3 (Frage: Sind Abschreibungen nur, soweit sie sich auf das abgelaufene Jahr beziehen, abzugsfähig oder auch aus früheren Jahren sich ergebende, z. B. aus Anlaß von Sanierungen vorgenommene?)

Antwort: Bei der Ermittlung des „angemessenen Betrages" ist von der in den maßgebenden Jahren wirklich entstandenen Wertminderung auszugehen, wobei die Abschreibung dem kaufmännischen Gebrauche entsprechen soll.

Maßgebend für die jeweilige Steueranlage (zweijährige Steuerperioden sind die unmittelbar vorausgegangenen zwei Jahre und bei kürzerem Bestehen des Betriebes dieser kürzere Zeitraum — Art. 7 des oben zitierten Gesetzes —; nur die in dieser Zeit wirklich entstandene Wertminderung soll berücksichtigt werden. Bei den seinerzeitigen Beratungen des Gesetzgebungsausschusses war der Antrag gestellt worden, es sei an Stelle der Worte „ein angemessener Betrag" die Fassung zu wählen: „ein nach kaufmännischen Grundsätzen üblicher oder ein nach Statuten festgesetzter Betrag". Dem Antrage wurde keine weitere Folge gegeben auf Grund der Erklärung des Finanzministers, daß das Wort „angemessener" in Verbindung zu bringen sei mit Eingangsworten des Gesetzartikels, welche bereits zum Ausdruck bringen, daß die Abschreibung dem kaufmännischen Gebrauche entsprechen müsse. Die handelsgesetzliche Bilanz bildet jedoch nicht schlechthin und ausschließlich die Grundlage der Ertragsbesteuerung, vielmehr sind für die Berechnung des steuerpflichtigen Ertrages neben den für die Aufstellung des Inventars und der Bilanz handelsgesetzlich vorgeschriebenen und sonst gebräuchlichen Grundsätzen noch die in Art. 10 enthaltenen besonderen Vorschriften maßgebend (siehe Kommentar z. bayer. Gewerbesteuergesetz von F. Klemm, Kgl. Ministerialrat im Finanzministerium, 2. Auflage).

Zu Ziff. 4 (Frage: Sind nur Abschreibungen wegen technischer Abnutzung oder auch solche wegen wirtschaftlicher Entwertung, z. B. wegen Änderung des Bodenwerts von Grundstücken oder des Marktwerts von Maschinen usw., abzugsfähig?)

Beantwortet sich aus Vorstehendem.

Zu Ziff. 5 (Frage: Sind Abschreibungen wegen Masseverzehrung, z. B. bei Bergwerken und Steinbrüchen, abzugsfähig?).

Antwort: Betriebe wie Bergwerke und Steinbrüche sind beim gegenwärtigen Amte nicht besteuert.

Zu Ziff. 6 (Frage: Sind überhaupt Vermögensminderungen oder nur Ertragsminderungen abzugsfähig? Wenn z. B. eine Bilanz lautet:

1. Jahr, Aktiva	
500 Aktien, nom. je 1000 M., zum Kurs von 110	550000 M.
verdiente Dividende	20000 „
zusammen	570000 M.
Passiva	550000 „
Überschuß	20000 M.,
hingegen 2. Jahr, Aktiva	
500 Aktien wie vor, zum Kurse von 108 . . .	540000 M.
verdiente Dividende	20000 „
zusammen	560000 M.
Passiva	550000 „
Überschuß	10000 M.,

sind dann im zweiten Jahre 20000 M. wie im ersten oder nur 10000 M. steuerpflichtig?)

Antwort: Nur Ertragsminderungen sind abzugsfähig[1]).

Zu Ziff. 7 (Frage: Sind Verluste durch Brandschaden abziehbar, event. warum nicht?)

Antwort: Unter den Begriff „Abnutzung“ können außerordentliche Kapitalsverluste, wie z. B. der Verlust eines Gebäudes durch Brand, nicht subsumiert werden.

Zu Ziff. 8 (Frage: Sind Abschreibungen wegen unregelmäßiger technischer Entwertungen, z. B. wegen Maschinenbruchs, abziehbar oder nur die Abschreibungen wegen regelmäßiger Abnutzung?)

Antwort: Abschreibungen wegen Verlustes oder Zerstörung von Inventargegenständen sind zulässig als Kosten zur Erhaltung und Ergänzung des Betriebsinventars (s. Ziff. 2 b des Abdruckes).

---

[1]) Man beachte den Gegensatz zur Hamburgischen Ansicht.

Zu Ziff. 9 (Frage: Sind Abschreibungen auf

a) alle Arten Gebäude, auch Wohngebäude, oder nur auf gewerbliche und landwirtschaftliche,
b) auf Grund und Boden,
c) auf landwirtschaftliche Kulturanlagen,
d) auf lebendes Inventar,
e) auf Kuxe, Patente, Privilegien, Konzessionen, Pachtrechte abzugsfähig?)

Antwort:

a) Für die dem Gewerbebetrieb dienenden Gebäude oder Gebäudeteile sind Abschreibungen für Abnutzung zulässig, für andere nicht;
b) Abschreibungen auf Grund und Boden sind unzulässig;
c) Abschreibungen auf landwirtschaftliche Kulturanlagen können bei dem in Bayern z. Zt. bestehenden Steuersystem nicht gemacht werden;
d) und e) sind zu bejahen.

Zu Ziff. 10, 11, 12. (Frage 10: Sind Gewinnrücklagen und freiwillige [über das gesetzlich Notwendige hinausgehende] Abschreibungen abzugsfähig? Sind sie es etwa dann, wenn sie vor Feststellung des Reingewinns abgezogen werden, also nicht aus dem abschlußmäßigen Reingewinn herrühren?)

(Frage 11: Wird überhaupt nur abschlußmäßiger Überschuß als steuerpflichtiges Einkommen angesehen?)

(Frage 12: Sind Sonderabschreibungen, die nach der Reingewinnfeststellung bei der Gewinnverteilung beschlossen werden, steuerfrei?)

Antwort: Außergewöhnlich hohe Abschreibungen, welche der durch die Abnutzung eingetretenen Wertminderung nicht entsprechen, sind als besondere Rücklagen zu behandeln und dem steuerbaren Erträgnisse zuzurechnen. Der Umstand, ob die Abschreibungen vor oder nach erfolgter Reingewinnfeststellung vorgenommen werden, bildet kein Kriterium für die Beurteilung der steueramtlichen Abzugsfähigkeit.

Zu Ziff. 13 (Frage: Sind bestimmte Gewinnrücklagen, wie z. B. in Österreich die für Wohlfahrtszwecke, für unverwirklichte Kursverluste bei Sparkassen, steuerfrei?)

Antwort: Zuwendungen aus den jährlichen Erträgnissen an die für Wohlfahrt der im Gewerbebetrieb beschäftigten Bediensteten und Arbeiter gebildeten Fonds werden zum Abzuge zugelassen. Überweisungen, welche ohne jede Verpflichtung der Gesellschaft erfolgen und keinerlei Ansprüche der Angestellten begründen, also beliebige anderweitige Verwendung finden können, sind Vermögensansammlungen ohne den Charakter von Betriebskosten.

Die Beantwortung der Frage ist von den besonderen Umständen des konkreten Falles abhängig, wobei namentlich die Art und Weise der Bildung des Fonds (Wortlaut und Absicht des Beschlusses der Generalversammlung) und seiner Dotierung, Verwaltung und Verwendung maßgebend sind (s. Kommentar Klemm, Anm. 21 zu Art. 10).

Zu Ziff. 14 (Frage: Werden Rücklagen wieder in den Gewinn übergeführt, so sind sie natürlich nicht nochmals zu versteuern?)

Antwort: Ist mit „nein" zu beantworten.

Zu Ziff. 15 (Frage: Sind Rücklagen aus Stammvermögen, nicht aus Ertrag, z. B. aus Aktienaufgeld, steuerfrei?)

Antwort: Ist mit „ja" zu beantworten[1]).

Zu Ziff. 16 (Frage: Ist überhaupt der Grundsatz, daß nur Ertrag, nicht auch Überschuß aus dem Vermögen steuerpflichtig ist, anerkannt, ist demnach z. B. Zuzahlung auf Aktien, Überschuß aus Kapitalherabsetzungen und ähnliches steuerfrei?)

Antwort: Ist mit „ja" zu beantworten.

Zu Ziff. 17 (Frage: Sind Abschreibungen wegen Heimfallast [Herausgabepflicht], wie sie bei Konzessionsanlagen oft nötig sind [z. B. bei Straßenbahnen, Elektrizitätswerken usw.], abzugsfähig?)

Antwort: Ist mit „ja" zu beantworten.

Zu Ziff. 18 (Frage: Sind Ersatzanschaffungen aus Reingewinn, auch bei Verbuchung als Betriebsausgaben, steuerpflichtig?)

Antwort: Ist mit „ja" zu beantworten.

---

[1]) Man beachte den Unterschied gegen Hamburg.

Zu Ziff. 19 (Frage: Sind Ausbesserungen [Reparaturen] in jedem Falle und in jedem Umfange steuerfrei?)

Antwort: Ist mit „ja“ zu beantworten. —

Die Untersuchung der einschlägigen Fragen muß zu der Überzeugung führen, daß die gesetzlichen Bestimmungen über die zulässigen Abzüge fast durchweg mangelhaft sind; zum großen Teil fehlt es überhaupt an Bestimmungen, die bestehenden aber sind vielfach unzulänglich oder unklar. Auch die Auslegungen und Gepflogenheiten der Behörden sind infolgedessen oft widerspruchsvoll und anfechtbar; zum Teil werden berechtigte Abzüge nicht gestattet, zum Teil unberechtigte zugelassen. Einheitlichere und genauere Steuergesetze — wohl nicht nur in diesem Punkte — sind ein dringendes Bedürfnis; Praktiker und Theoretiker — richtig ausgewählte Persönlichkeiten — müßten zur Bewältigung dieser schwierigen und nicht gerade reizvollen Aufgabe im Interesse der Geldwirtschaft der Staaten und der wirtschaftlichen Betriebe zusammenwirken.

Schlagwörter-Verzeichnis

[1] (B.) = Beispiel

GPSR Compliance

The European Union's (EU) General Product Safety Regulation (GPSR) is a set of rules that requires consumer products to be safe and our obligations to ensure this.

If you have any concerns about our products, you can contact us on ProductSafety@springernature.com

In case Publisher is established outside the EU, the EU authorized representative is:

Springer Nature Customer Service Center GmbH
Europaplatz 3
69115 Heidelberg, Germany

Batch number: 10844655

Printed by Printforce, the Netherlands